Liebe Margarethe,

gerne überreiche ich Dir dieses Buch, bei dessen Korrektur Du mir so sehr geholfen hast.

Wolfgg

November 1997

Berichte aus der Luft- und Raumfahrttechnik

Wolfgang Klenk

Spektroskopische Untersuchungen der Relaxationszone hinter Verdichtungsstößen in Luft mit einem Infrarot-Dioden-Laser

D 93 (Diss. Universität Stuttgart)

Shaker Verlag
Aachen 1997

Die Deutsche Bibliothek - CIP-Einheitsaufnahme

Klenk, Wolfgang:
Spektroskopische Untersuchungen der Relaxationszone hinter Verdichtungsstössen in Luft mit einem Infrarot-Dioden-Laser / Wolfgang Klenk.
- Als Ms. gedr. -
Aachen : Shaker, 1997
(Berichte aus der Luft- und Raumfahrttechnik)
Zugl.: Stuttgart, Univ., Diss., 1997
ISBN 3-8265-2943-X

Als Manuskript gedruckt. Printed in Germany.

ISBN 3-8265-2943-X
ISSN 0945-2214

Shaker Verlag GmbH • Postfach 1290 • 52013 Aachen
Telefon: 02407 / 95 96 - 0 • Telefax: 02407 / 95 96 - 9
Internet: www.shaker.de • eMail: info@shaker.de

Meiner lieben Frau sowie
meinen Kindern gewidmet

Vorwort

Die vorliegende Arbeit entstand während meiner Tätigkeit als wissenschaftlicher Mitarbeiter am Institut für Thermodynamik der Luft- und Raumfahrt der Universität Stuttgart.

Mein besonderer Dank gilt Herrn Professor Dr. rer. nat. A. Frohn, der es mir ermöglichte, die interessanten Arbeiten an den Stoßrohren des Instituts durchzuführen, für seine Unterstützung und für seine wertvollen Ratschläge. Herrn Professor Dr. rer. nat. F. Zabel danke ich sehr für sein Interesse an dieser Arbeit und für die Übernahme des Mitberichtes.

Sehr dankbar bin ich allen Kolleginnen und Kollegen, die zum Gelingen dieser Arbeit beitrugen, insbesondere Herrn Dipl.-Ing. Nils Widdecke für die lange Zeit der guten Zusammenarbeit, die weit über das Fachliche hinaus ging. Herrn Dipl.-Ing. Harald Stuhler, der mir Ergebnisse seiner numerischen Simulationen überlassen hat, danke ich ebenso wie den Mitarbeitern der Werkstätten des Instituts, für deren Mithilfe bei den diversen Umbauarbeiten an den Stoßrohranlagen.

Bei meiner Frau Gabriele, die mir bei diesem Vorhaben verständnisvoll zur Seite stand, und bei meinen Eltern, die meine Ausbildung stets gefördert haben, bedanke ich mich herzlich.

Inhaltsverzeichnis

Verzeichnis der wichtigsten Symbole

Lateinische Symbole

Symbol	Erläuterung	Dimension
a	Schallgeschwindigkeit	m/s
$a_{j,v}$	Koeffizient der Wellenfunktion	-
A_e	Spin-Bahn-Kopplungs-Größe im Grundzustand	cm^{-1}
A_v	korrigierte Spin-Bahn-Kopplungs-Größe für die Schwingungsquantenzahl v	cm^{-1}
$b_{j,v}$	Koeffizient der Wellenfunktion	-
b_d	Halbwertsbreite für Doppler-Profil	cm^{-1}
b_k	Halbwertsbreite für Lorentz-Profil	cm^{-1}
B_e	Rotationskonstante im Grundzustand	cm^{-1}
B_v	korrigierte Rotationskonstante für Schwingungsquantenzahl v	cm^{-1}
c	Teilchenkonzentration	Teilchen/cm^3
D_e	Zentrifugalkonstante im Grundzustand	cm^{-1}
D_v	korrigierte Zentrifugalkonstante für Schwingungsquantenzahl v	cm^{-1}

Symbol	Erläuterung	Dimension
E_{Diss}	Dissoziationsenergie	cm^{-1}
E^{Λ}	Energieanteile der Λ-Verdopplung	cm^{-1}
f	Anzahl der Freiheitsgrade	-
g	Entartungsgrad	-
G	Energie des anharmonischen Oszillators	cm^{-1}
h	spezifische Enthalpie	m^2/s^2
I	Intensität	-
I_0	Gesamtintensität ohne Absorption	-
j	Quantenzahl der Rotation	-
$\vec{J}$	Gesamtdrehimpulsvektor eines Moleküls	kg m^2/s
$k(\nu)$	Absorptionskoeffizient	-
K	Quantenzahl von $\vec{K}$	-
$\vec{K}$	Drehimpulsvektor in Hund's Fall **b**)	kg m^2/s
l	Länge des optischen Weges	m
L	Elektronen-Bahndrehimpuls	kg m^2/s
$\vec{L}$	Vektor des Elektronen-Bahndrehimpulses	kg m^2/s
$\mathcal{L}$	Anzahl der Absorptionslinien im Profil-Fitting	-
m	Teilchenmasse	kg
M	Molmasse	kg/kmol
Ms	Stoßmachzahl	-
N	Teilchenanzahl	-
$\vec{N}$	Drehimpulsvektor der Kernrotation	kg m^2/s
p	Druck	bar

Symbol	Erläuterung	Dimension
p_{ges}	Gesamtdruck	bar
p_{NO}	Partialdruck von NO	bar
p_Λ	Konstante der Λ-Verdopplung	cm^{-1}
$\mathcal{P}$	Anzahl der Meßpunkte im Profil-Fitting	-
q_Λ	Konstante der Λ-Verdopplung	cm^{-1}
Q	Zustandssumme	-
s	spezifische Entropie	J/(g K)
S	Quantenzahl des resultierenden Spins	-
S	Linienintensität (druckbezogene Linienstärke)	cm^{-2} bar^{-1}
S^w	Übergangswahrscheinlichkeit	-
S^0	Gesamtbandintensität	cm^{-2} bar^{-1}
$\vec{S}$	Resultierender Spinvektor der Elektronen	kg m^2/s
T	Summe aus Rotations- und Schwingungs-Energie	cm^{-1}
T	Temperatur	K
$\mathcal{T}$	Transmission $I/\ I_0$	-
v	Strömungsgeschwindigkeit	m/s
v_S	Ausbreitungsgeschwindigkeit der Stoßfront	m/s
w	thermische Geschwindigkeit eines Moleküls	m/s
W	gesamte Energie eines Moleküls	cm^{-1}
x_e	Anharmonizitätsfaktor 1. Ordnung	-
$X_{j,v}$	Koeffizient der Wellenfunktion	-
y_e	Anharmonizitätsfaktor 2. Ordnung	-
z_e	Anharmonizitätsfaktor 3. Ordnung	-

Griechische Symbole

Symbol	Erläuterung	Dimension
α_e	Schwingungskorrekturfaktor für Rotationskonstante	cm^{-1}
α_ν	Spezifischer Absorptionskoeffizient	cm^{-1} bar^{-1}
α_0	Kennwert der Stoßverbreiterung	cm^{-1} atm^{-1}
β_e	Schwingungskorrektur für Zentrifugalkonstante	cm^{-1}
χ_e	Schwingungskorrektur für Spin-Bahn-Kopplung	cm^{-1}
κ	Verhältnis der spezifischen Wärmekapazitäten	-
ϱ	Dichte	kg/m^3
ν_s	Stoßfrequenz	1/s
ν_0	Wellenzahl der Linienmitte	cm^{-1}
$\bar{\nu}$	Wellenzahl des Bandenzentrums	cm^{-1}
Λ	Quantenzahl der Komponente $\vec{\Lambda}$	-
$\vec{\Lambda}$	Komponente von $\vec{L}$ entlang der Molekülachse	-
ω_e	Eigenfrequenz des Moleküls	cm^{-1}
Ω	Quantenzahl des resultierenden Elektronendreh-impulses um die Kernverbindungsachse	-
$\vec{\Omega}$	Vektor des gesamten Elektronendrehimpulses	$kg\ m^2/s$

Konstanten

Symbol	Erläuterung	Wert
h	Plancksches Wirkungsquantum	$6.626176 \cdot 10^{-34}$ Js
k	Boltzmann-Konstante	$1.380662 \cdot 10^{-23}$ J/K

Symbol	Erläuterung	Wert
c_0	Lichtgeschwindigkeit im Vakuum	$2.997924562 \cdot 10^8$ m/s
N_A	Avogadro-Konstante	$6.022045 \cdot 10^{23}$ mol^{-1}
$\mathcal{R}$	Universelle Gaskonstante	8.31441 J/(mol K)

Indizes und Zusatzzeichen

Symbol	Erläuterung
$'$	Endzustand nach dem Absorptionsvorgang
$''$	Ausgangszustand vor dem Absorptionsvorgang
M	Aus Messungen gewonnener Wert
i	Laufvariable für die Meßpunkte im Profil-Fitting
ℓ	Laufvariable für die Absorptionslinien im Profil-Fitting
RH	Rankine-Hugoniot
rot	Rotation
S	Translation-Rotation
$trans$	Translation
vib	Vibration
v, j, i	Laufvariablen für Summationen
1	Zustand vor der Stoßwelle
2	Zustand hinter der Stoßwelle
21	Verhältnis von Zustand 2 zu Zustand 1
4	Treibgaszustand vor Bersten des Diaphragmas

1 Einleitung

Die mit Verdichtungsstößen verbundenen sehr schnellen Zustandsänderungen stellen ein grundlegendes Problem der Hyperschall-Aerothermodynamik dar. Verdichtungsstöße sind dadurch gekennzeichnet, daß kinetische Energie innerhalb einer dünnen Schicht in thermische Energie umgewandelt wird. In dem Strömungsfeld hinter starken Verdichtungsstößen treten starke Abweichungen vom thermodynamischen Gleichgewicht auf. Dabei ändern sich neben der Strömungsgeschwindigkeit die Zustandsgrößen Temperatur und Druck sowie die Teilchenkonzentrationen. Die Anregung der inneren Freiheitsgrade der Moleküle, insbesondere die Dissoziation, die Ionisation und auch die Strahlung spielen dabei eine wichtige Rolle [1-3]. Der Übergangsbereich in den Gleichgewichtszustand weit hinter dem Verdichtungsstoß wird *Relaxationszone* genannt. Für die Relaxationsprozesse der verschiedenen Zustandsgrößen gelten unterschiedliche Zeitskalen. Wegen der großen Bedeutung der Relaxationsvorgänge wurden Teilaspekte in der Vergangenheit von zahlreichen Autoren theoretisch und experimentell untersucht [z.B. 4-11]. In letzter Zeit wurde auf der theoretischen Seite versucht, das Strömungsfeld hinter starken Verdichtungsstößen mit verbesserten Rechenmodellen und Rechenverfahren zu bestimmen [z.B. 12-15]. Die modernen Rechenmodelle berücksichtigen eine Vielzahl von Kopplungen zwischen Reaktionsgeschwindigkeiten und Anregungszuständen der inneren Freiheitsgrade der verschiedenen Gaskomponenten. Zur Überprüfung dieser komplexen Modelle sind die aus der Literatur bekannten Experimente nicht mehr ausreichend, da bisher vorwiegend globale Größen, wie zum Beispiel Dichte oder Gesamtionenkonzentration, bestimmt wurden [16-19]. Der Einsatz von spektroskopischen Meßverfahren war meist darauf beschränkt, ganze Absorptionsbanden oder die Emission über einen breiten Frequenzbereich zu untersuchen. Es ist jedoch im allgemeinen nicht möglich, die Emission oder Absorption breiter Frequenzbereiche in einer Relaxationszone mit hinreichender Genauigkeit vorauszusagen, da dazu die Oszillatorenstärken aller auftretenden Partikeln für alle in Frage kommenden Stoßprozesse sowie die Wirkungsquerschnitte für alle diese Stoßprozesse bekannt sein müßten [20]. Auch war es mit den bisher eingesetzten Meßverfahren nicht möglich zu untersuchen, inwieweit die Aussage richtig ist, daß die Dissoziation bevorzugt aus hohen Schwingungsniveaus heraus erfolgt [z.B. 20]. Heutzutage stehen neue Meßverfahren zur Verfügung, mit denen detailliertere Untersuchungen erfolgen können. Durchstimmbare Infrarot-Diodenlaser ermöglichen hochauflösende und hochselektive Gasanalysen [21]. In Deutschland wurde dieses Meßverfahren im wesentlichen am Fraunhofer-Institut für Physikalische Meßtechnik in Heidelberg systematisch bis zur meßtechnischen Einsatzreife entwickelt. Im Vergleich zu anderen Meßverfahren ermöglicht es die Untersuchung von einzelnen Absorptionsübergängen und nicht nur von ganzen Absorptionsbanden. Auf diesen Grundlagen beruhende Verfahren wurden schon erfolgreich für Untersuchungen im Stoßrohr angewendet [z.B. 22-26]. Wie bei reaktionskinetischen Untersuchungen üblich, wurde bei diesen Arbeiten das Testgas in einem Wärmebad aus Inertgas, wie zum Beispiel Argon, untersucht. Die Ergebnisse dieser Arbeiten zeigen, daß die Relaxationszeiten nur für wenige Spezies genau genug bekannt sind, um als Grundlage numerischer Verfahren dienen zu können. Für den in der Raumfahrt wie in der Luftfahrt auftretenden Fall von Verdichtungsstößen in Luft, gibt es noch nicht genügend detaillierte experimentelle Ergebnisse für die Weiterentwicklung und die Überprüfung der verschiedenen numerischen Verfahren.

Das Ziel der vorliegenden Arbeit ist ein Meßverfahren zur detaillierten Untersuchung der Relaxationszone hinter Verdichtungsstößen in Luft zu entwickeln. Hierzu wird ein durchstimmbares Infrarot-Diodenlaser-Absorptionsspektrometer (**T**unable **D**iode**L**aser **A**bsorption **S**pectrometer, TDLAS) zur Erfassung der hochtransienten Vorgänge hinter Verdichtungsstößen eingesetzt. Die für die Versuchsdurchführung am Stoßrohr erforderlichen Computerprogramme zur Vorausberechnung der Intensitätssignale des TDLAS sowie zur computergestützten Auswertung der Meßdaten sind zu entwickeln. Für diese Aufgabe müssen aus der Literatur bekannte Berechnungsverfahren für das Absorptionsspektrum von NO im thermischen Gleichgewicht [27] auf Zustände mit starken Abweichnungen vom thermischen Gleichgewicht erweitert werden. Die im Rahmen der vorliegenden Arbeit durchzuführenden Experimente unterscheiden sich von den aus der Literatur bekannten vor allem dadurch, daß sie als Testgas reine Luft verwenden und nicht, wie dies bei reaktionskinetischen Untersuchungen üblich ist, das Testgas in einem Wärmebad aus Inertgas. Ergebnisse von reaktionskinetischen Experimenten im Wärmebad sind deshalb nicht mit den in der vorliegenden Arbeit angestrebten Untersuchungen zu vergleichen. Durch den Einsatz eines hochauflösenden IR-Absorptionsspektrometers wird der Zugang zur zustandsselektiven Untersuchung der Gasmoleküle eröffnet. Damit lassen sich die bisher nicht zugänglichen Besetzungsdichten einzelner angeregter Energieniveaus untersuchen. Es wird angestrebt, erstmals Aufschluß über die Besetzungsdichten einzelner Rotations- und Schwingungs-Niveaus in der Relaxationszone hinter Verdichtungsstößen in Luft zu gewinnen. Der zeitliche Verlauf der Besetzungsdichten der einzelnen Energieniveaus des NO-Moleküls in der Stoßrohrströmung hinter einfallenden Verdichtungsstößen steht in direktem Zusammenhang mit den in der Strömung ablaufenden Prozessen und ist deshalb ein wichtiger Parameter für den Ablauf des gesamten Relaxationsprozesses.

Zur Untersuchung der Relaxationszone hinter Verdichtungsstößen in Luft sind hochreine Versuchsbedingungen erforderlich. Schon geringste Verunreinigungen, zum Beispiel infolge auf der Innenseite des Stoßrohrs adsorbierter Wassermoleküle, können die Relaxationsvorgänge deutlich beeinflussen [28]. Die erforderlichen hochreinen Versuchsbedingungen werden in der vorliegenden Arbeit in einem ausheizbaren Ultra-Hochvakuum-Stoßrohr erreicht. Derartige Anlagen wurden am ITLR entwickelt [28, 29]. Für die im Rahmen der vorliegenden Arbeit durchzuführenden Experimente wird das Stoßrohr mit einem durchstimmbaren Infrarot-Diodenlaser-Absorptionsspektrometer (TDLAS) ausgestattet. Ein Ziel bei der Konzeption des TDLAS ist es, die Zeit, die bisherige Meßeinrichtungen für die Abtastung einer kompletten Absorptionslinie benötigen, deutlich zu verkürzen. Aus der Literatur bekannte Anlagen arbeiten mit Wiederholfrequenzen dieser Meßzyklen im Bereich von 10 kHz bis 25 kHz. Die im Rahmen der vorliegenden Arbeit aufzubauende Anlage soll mit Wiederholfrequenzen von 700 kHz betrieben werden. Damit wird es möglich, nicht nur die langsameren Vorgänge der Relaxation der Teilchenkonzentrationen in Wärmebadmessungen zu erfassen, sondern auch die schnellen Vorgänge der Anregung der inneren Freiheitsgrade der NO-Moleküle während der NO-Bildung in Luft [30, 31]. Die spektroskopischen Untersuchungen der vorliegenden Arbeit verwenden das Rotations-Schwingungs-Spektrum von Stickstoffmonoxid bei der Wellenlänge 5 μm. Für die Identifikation der Absorptionsübergänge von NO im Experiment ist ein Katalog der Absorptionslinien unverzichtbar. Im Wellenzahlbereich zwischen $\nu = 1700\,\mathrm{cm}^{-1}$ bis $\nu = 2100\,\mathrm{cm}^{-1}$ finden sich über 110 000 Absorptionsübergänge des

NO-Moleküls. Für die Versuchsdurchführung und für die Auswertung ist es wichtig, das erwartete Transmissionsspektrum im betrachteten Wellenzahlbereich im voraus berechnen zu können. Hierzu soll im Rahmen der vorliegenden Arbeit ein Programm zur Berechnung des Absorptionsspektrums von Stickstoffmonoxid unter Berücksichtigung starker Abweichungen vom thermischen Gleichgewicht entwickelt werden; damit ist dann ein Katalog von Absorptionslinien zu erstellen. Für die Auswertung der gemessenen Intensitätssignale soll ein Auswerteprogramm entwickelt werden, mit dem die Transmissionssignale aus den gemessenen Detektorsignalen berechnet werden können. Aus den Transmissionsignalen sollen die spektroskopischen Parameter der einzelnen Absorptionslinien bestimmt werden. Die mit dieser Auswertetechnik aus den Messungen gewonnenen Daten sind mit Ergebnissen zu vergleichen, die mit dem Programm für das NO-Absorptionsspektrum unter Verwendung von Ergebnissen numerischer Simulationen der Relaxationszone berechnet werden.

2 Zustandsänderungen durch Verdichtungsstöße

Thema dieses Kapitels sind die hinter Verdichtungsstößen ablaufenden Relaxationsvorgänge. Unter Berücksichtigung des realen Gasverhaltens werden anhand von Beispielrechnungen die im thermischen und chemischen Gleichgewicht erreichten Zustände hinter Verdichtungsstößen in Luft bestimmt. Die verschiedenen möglichen Relaxationsvorgänge und die unterschiedlichen Zeitskalen der Relaxationsvorgänge werden diskutiert.

2.1 Ideales und reales Gasverhalten

Die Erhaltungssätze für Masse, Impuls und Energie liefern für einen senkrechten Verdichtungsstoß, der sich mit der konstanten Geschwindigkeit v_S in einem ruhenden Gas ausbreitet [20, 32], die Bedingungen

$$\rho_2 (v_S - v_2) = \rho_1 v_S \quad , \qquad (2.1\text{-}1)$$

$$\rho_2 (v_S - v_2)^2 + p_2 = \rho_1 v_S^2 + p_1 \quad , \qquad (2.1\text{-}2)$$

$$h_2 + \frac{1}{2} (v_S - v_2)^2 = h_1 + \frac{1}{2} v_S^2 \quad , \qquad (2.1\text{-}3)$$

wobei v_2 die Strömungsgeschwindigkeit des Nachlaufs ist. Die restlichen Bezeichnungen sind wie üblich. Diese Erhaltungssätze lassen wegen ihrer Symmetrie zunächst sowohl Verdichtungsstöße als auch Verdünnungsstöße zu. Es kann jedoch gezeigt werden, daß der zweite Hauptsatz der Thermodynamik Verdünnungsstöße in Gasen bis auf gewisse Sonderfälle ausschließt. Für die spezifische Entropie gilt

$$s_2 \geq s_1 \quad . \tag{2.1-4}$$

Aus diesen Grundgleichungen ergibt sich für ein Gas mit f Freiheitsgraden bei kalorisch idealem Gasverhalten ohne Berücksichtigung von chemischen Reaktionen die Beziehung

$$h_2 - h_1 = \frac{f}{2}\left({a_2}^2 - {a_1}^2\right) \quad . \tag{2.1-5}$$

Für die Schallgeschwindigkeit a gilt

$$a = \sqrt{\frac{2+f}{f}\frac{p}{\rho}} \quad . \tag{2.1-6}$$

Außerdem hat man die thermodynamischen Beziehungen

$$p = \frac{\mathcal{R}}{M}\rho T \quad , \tag{2.1-7}$$

$$s_2 - s_1 = \frac{\mathcal{R}}{M}\ln\left[\left(\frac{p_2}{p_1}\right)^{\frac{f}{2}}\left(\frac{\rho_1}{\rho_2}\right)^{\frac{2+f}{2}}\right] \quad . \tag{2.1-8}$$

Hierbei sind $\mathcal{R}$ die universelle Gaskonstante und M die Molmasse. Als unabhängige Variable wird die in der Messung leicht zugängliche Stoßmachzahl

$$Ms = \frac{v_S}{a_1} \tag{2.1-9}$$

eingeführt. Bei Zustandsänderungen durch Verdichtungsstöße in idealen Gasen erhält man für das Druckverhältnis

$$\frac{p_2}{p_1} = \frac{(2+f)Ms^2 - 1}{1+f} \quad , \tag{2.1-10}$$

für das Temperaturverhältnis

$$\frac{T_2}{T_1} = \frac{\left(Ms^2 + f\right)\left[(2+f)Ms^2 - 1\right]}{(1+f)^2 Ms^2} \tag{2.1-11}$$

und für das Dichteverhältnis

$$\frac{\rho_2}{\rho_1} = \frac{(1+f)Ms^2}{Ms^2+f} \quad . \tag{2.1-12}$$

Das Dichteverhältnis kann für $Ms \to \infty$ die Grenzwerte

$$\left.\frac{\rho_2}{\rho_1}\right|_{Ms\to\infty} = \begin{cases} 4 \text{ bei } f=3 \\ 6 \text{ bei } f=5 \end{cases} \tag{2.1-13}$$

nicht überschreiten. Man erkennt, daß ein Verdichtungsstoß bei gleicher Druckerhöhung auf eine kleinere Verdichtung und eine höhere Temperatur als die reversible adiabate Verdichtung führt, welche im Gegensatz zum Verdichtungsstoß beliebig hohe Dichteverhältnisse zuläßt.

Das Druckverhältnis über den Verdichtungsstoß kann auch auf eine andere Art dargestellt werden. Aus den Erhaltungsgleichungen (2.1-1) bis (2.1-3) läßt sich ohne Kenntnis der thermischen und kalorischen Zustandsgleichung die Beziehung

$$\frac{p_2}{p_1} = 1 + 2\,\frac{\rho_1}{p_1}\frac{h_2-h_1}{\left(1+\frac{\rho_1}{\rho_2}\right)} \tag{2.1-14}$$

ableiten. Setzt man hier die kalorische Zustandsgleichung $h(p,\rho)$ ein, so erhält man die *Hugoniot-Gleichung* des Gases.

Die verschiedenen Vorgänge, die als Realgaseffekte bezeichnet werden, beeinflussen den Zustand des Gases alle in ähnlicher Art und Weise. Die Anregung der inneren Freiheitsgrade der Moleküle, wie Rotation und Schwingung, benötigt Energie. Ebenso haben die Elektronenanregung, die Ionisation, die Dissoziation und überhaupt alle chemischen Reaktionen, die im Gas stattfinden, einen Einfluß auf die Energie des Systems. Zum Beispiel kommt es hinter Verdichtungsstößen in Luft bei höheren Stoßmachzahlen zur Dissoziation des molekularen Sauerstoffs. Die Dissoziation benötigt eine bestimmte Energie, welche den anderen Energieformen entzogen wird. Infolgedessen kommt es zu einer Abkühlung des Gases. Entsprechendes gilt für andere Molekülfreiheitsgrade. Für die Berechnung des Gleichgewichtszustandes hinter Verdichtungsstößen in Luft unter Berücksichtigung von Realgaseffekten wird heute häufig ein Modell mit elf Komponenten verwendet. Berücksichtigt werden die

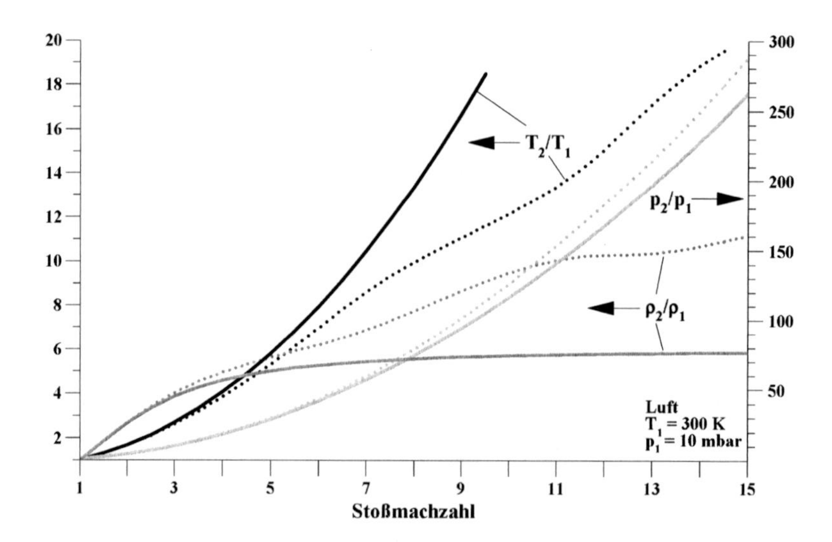

Abb. 2.1 - 1: Zustandsgrößen für Verdichtungsstöße in Luft. Die ausgezogenen Linien gelten für ein ideales Gas mit konstanter spezifischer Wärmekapazität. Die Punkte gelten für ein Gas mit Anregung der inneren Freiheitsgrade und mit chemischen Reaktionen.

Komponenten N_2, O_2, NO, N, O, N^+, O^+, NO^+, $N_2{}^+$, $O_2{}^+$ und e^-. Im Rahmen dieser Arbeit wurden zur Berechnung des Gleichgewichtszustandes die am ITLR entwickelten Programme von *Stuhler* [15] und *Widdecke* [33] verwendet[1]. In Abbildung 2.1 - 1 sind das Druckverhältnis, das Temperaturverhältnis und das Dichteverhältnis für Luft im thermodynamischen Gleichgewicht für ideales und reales Gasverhalten in Abhängigkeit von der Stoßmachzahl dargestellt. Die in Abbildung 2.1 - 2 dargestellte Zusammensetzung von Luft im thermodynamischen Gleichgewicht in Abhängigkeit von der Stoßmachzahl wurde ebenfalls mit diesen Programmen berechnet. Wesentlich komplexer gestaltet sich die Berechnung der Relaxationsvorgänge bei starken

[1]Von Herrn Widdecke wurde mir das Programm für den Gleichgewichtszustand zur Verfügung gestellt, Herr Stuhler hat mit seinem Programm zur numerischen Simulation der Relaxationszone verschiedene Rechnungen für mich durchgeführt. Beiden Kollegen danke ich herzlich für ihre Unterstützung.

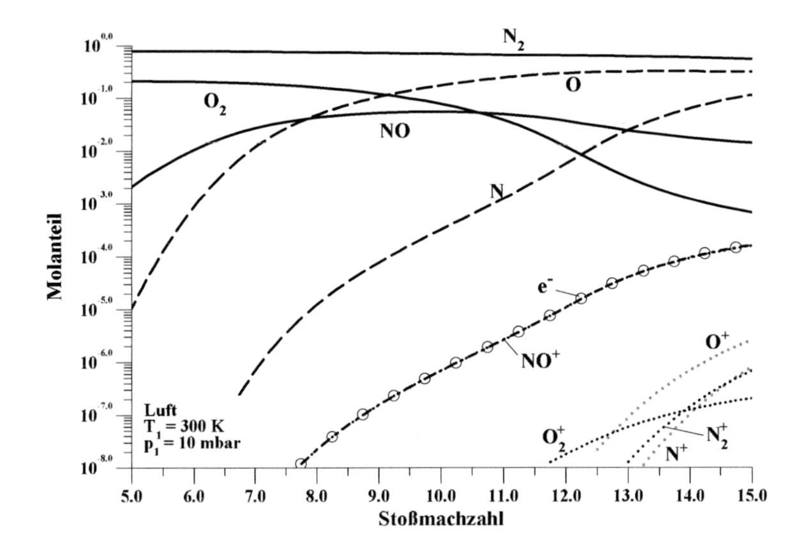

Abb. 2.1 - 2: Gaszusammensetzung im thermodynamischen Gleichgewicht.

Abweichungen vom thermodynamischen Gleichgewicht unmittelbar hinter dem einfallenden Verdichtungsstoß. Hier müssen die Kopplungen zwischen der Verteilung der Teilchen auf die Energiezustände und den Reaktionsgeschwindigkeiten berücksichtigt werden.

2.2 Relaxationsvorgänge

Die Einstellung des thermodynamischen Gleichgewichts benötigt Zeit. Wird der Zustand eines Molekülgases geändert, so bewirken die Stöße der Moleküle die Einstellung der neuen Gleichgewichtsverteilung der Energie. Während sich die Gleichgewichtsverteilung der translatorischen und der rotatorischen Freiheitsgrade nach nur wenigen Stößen einstellt, erfordern die Freiheitsgrade der Molekülschwingung viele Stöße um ins Gleichgewicht zu kommen. Besonders in heißen Gasen ist die Umwandlung von kinetischer Energie der Moleküle in die verschiedenen Formen

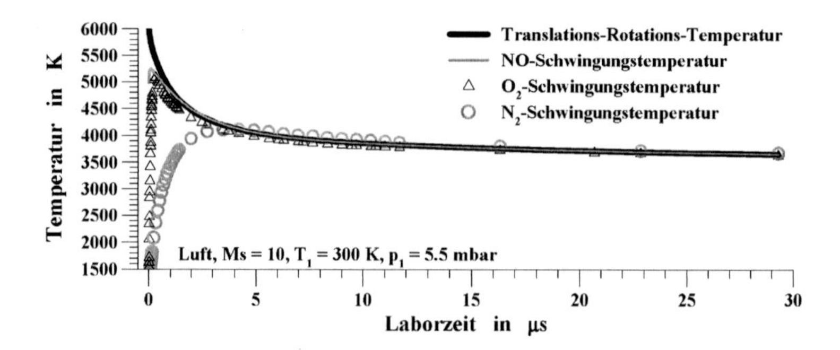

Abb. 2.2-1: Temperaturverläufe in der Relaxationszone hinter einem Verdichtungsstoß in Luft über der Laborzeit.

der inneren Energie von Bedeutung. Diese thermische Anregung beginnt bei Verdichtungsstößen, wie bereits erwähnt, unmittelbar in der Stoßfront. Die kinetische Energie wird für die Rotation, die Schwingung, die Ionisation, die Dissoziation und für chemische Reaktionen verbraucht. Die Zeitskalen dieser Vorgänge sind aber sehr unterschiedlich. Die Translationstemperatur kann für jede Teilchensorte aus der jeweiligen Boltzmannverteilung der Translationsenergie abgeleitet werden. Die Rotation setzt sich so schnell mit der Translation ins Gleichgewicht, daß dieser Vorgang meist als in der Stoßfront erfolgend angesehen wird [20]. Bei Atomen folgen die Elektronenanregung und die Ionisation, bei Molekülen die Schwingung, die Dissoziation, die Elektronenanregung sowie die Ionisation. In reagierenden Gasgemischen spielen sich die chemischen Reaktionen in einer von der Stoßfront deutlich unterscheidbaren Relaxationszone hinter der Stoßfront ab. Mit der Relaxation sind Änderungen der Translationstemperatur verbunden, wodurch sich die verschiedenen Relaxationsvorgänge gegenseitig beeinflussen. In Stoßrohrexperimenten lassen sich einige dieser Relaxationsvorgänge im Wärmebad einer chemisch inerten Gaskomponente getrennt beobachten. Unklar ist jedoch, ob sich aus diesen Ergebnissen die Relaxation in einem Gas mit sich ändernder Translationstemperatur bestimmen läßt [20]. Außerdem treten in realen Gemischen andere Stoßpartner mit möglicherweise anderen Stoßquerschnitten auf. Die numerischen Modelle zur Berechnung der Relaxationszone in Luft hinter starken Stoßwellen wurden in den letzten Jahren durch immer tiefer

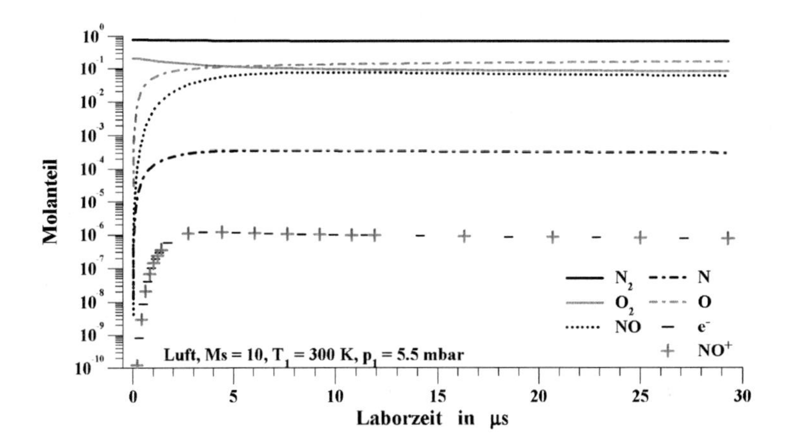

Abb. 2.2-2: Berechnete Molanteile in der Relaxationszone hinter einem Verdichtungsstoß in Luft über der Laborzeit.

gehende Verfeinerungen der Kopplung zwischen der Verteilung der Teilchen auf die verschiedenen Energieniveaus und den Geschwindigkeitskonstanten der chemischen Reaktionen erweitert. Einen Überblick über die derzeit verwendeten Reaktionsmechanismen und Kopplungen gibt die Arbeit von *Stuhler* [15]. Bei der Modellierung wird davon ausgegangen, daß sich unmittelbar nach Eintreffen des Verdichtungsstoßes eine Boltzmannverteilung für die Translationsenergie und die Rotationsenergie einstellt. Weiter wird für die Schwingungsenergie der Moleküle zu jedem Zeitpunkt ebenfalls von einer Boltzmannverteilung ausgegangen; damit ist die Schwingungstemperatur definiert. In den Abbildungen 2.2-1 und 2.2-2 sind Verläufe verschiedener Temperaturen sowie die Konzentrationen der wichtigsten Komponenten am Beispiel eines Verdichtungsstoßes mit der Stoßmachzahl $Ms = 10$ in Luft über der Laborzeit dargestellt Die verschiedenen Relaxationsvorgänge gelten als abgeschlossen, wenn die abhängigen Größen nahezu den Gleichgewichtszustand erreicht haben. Für die Berechnung dieser Ergebnisse wurden die Translationstemperatur und die Rotationstemperatur gleichgesetzt. Der Abbildung 2.2-1 ist zu entnehmen, daß der Unterschied zwischen der Schwingungstemperatur von NO und der Translationstemperatur schon nach wenigen Mikrosekunden verschwindet; die Schwingungsrelaxation ist damit abgeschlossen. Dagegen dauert die Relaxation der Teilchenkonzentrationen über den gesamten Zeitraum der Abbildungen 2.2-1 und 2.2-2 an. Noch nicht abschließend geklärt ist jedoch, in welchem Zustand sich die hinter der Stoßfront neu gebildeten NO-Moleküle befinden und ob ihre Verteilung auf die Energieniveaus einer Boltzmannverteilung entspricht. Erfolgt die Dissoziation bevorzugt aus hohen Schwingungsniveaus, muß es zu einer Unterbesetzung dieser Energieniveaus kommen. Die experimentelle Untersuchung dieser Phänomene kann nur mit einem Meßverfahren erfolgen, das die Messung der Besetzung einzelner Energieniveaus mit hoher zeitlicher Auflösung ermöglicht; die Behandlung dieser Aufgabe ist das Ziel der vorliegenden Arbeit. Im folgenden Abschnitt werden die Zustandsänderungen und die Bezeichnungen der Zustände im Stoßrohr festgelegt; danach wird im Kapitel 3 auf die spektroskopischen Eigenschaften des NO-Moleküls als Grundlage des Meßverfahrens genauer eingegangen.

2.3 Zustandsänderungen im Stoßrohr

Bei dem in der vorliegenden Arbeit verwendeten Stoßrohr handelt es sich um ein Membranstoßrohr, das in Ultra-Hochvakuum-Technik ausgeführt ist. Die Hochdruckseite ist mit einem Doppeldiaphragmensystem ausgerüstet. Eine detaillierte Darstellung der verwendeten Stoßrohranlage folgt in Kapitel 4.1. In diesem Abschnitt werden kurz die in der vorliegenden Arbeit verwendeten Bezeichnungen der verschiedenen Gaszustände im Stoßrohr erläutert[2]. Dazu ist in Abbildung 2.3-1 a) das Weg-Zeit-Diagramm der Vorgänge im Stoßrohr dargestellt. Das Stoßrohr ist durch eine Membran, das sogenannte Diaphragma, in Treiber und Lauf geteilt. Vor dem Experiment wird das Testgas mit dem Zustand (1) in den Lauf gefüllt. Danach wird der Treiber mit dem Treibgas gefüllt, bis das Diaphragma bei Erreichen des Treibgaszustandes (4) platzt. Vom Diaphragma breitet sich die Stoßwelle in das Testgas hinein aus. Im Treibgas bildet sich ein Verdünnungsfächer, dessen Vorderkante sich zum Stoßrohrende hin ausbreitet und dort reflektiert wird. Das Testgas hinter dem einfallenden Verdichtungsstoß befindet sich im Zustand (2). Die Kontaktfläche bildet die Trennfläche zwischen dem Testgas (2) und dem expandierten Treibgas (3). Die

[2]Diaphragmensystem und Einzelheiten der Erzeugung der Stoßrohrströmung spielen für die Experimente der vorliegenden Arbeit eine untergeordnete Rolle; daher wird der Einfachheit halber hier von einem einfachen Diaphragma ausgegangen.

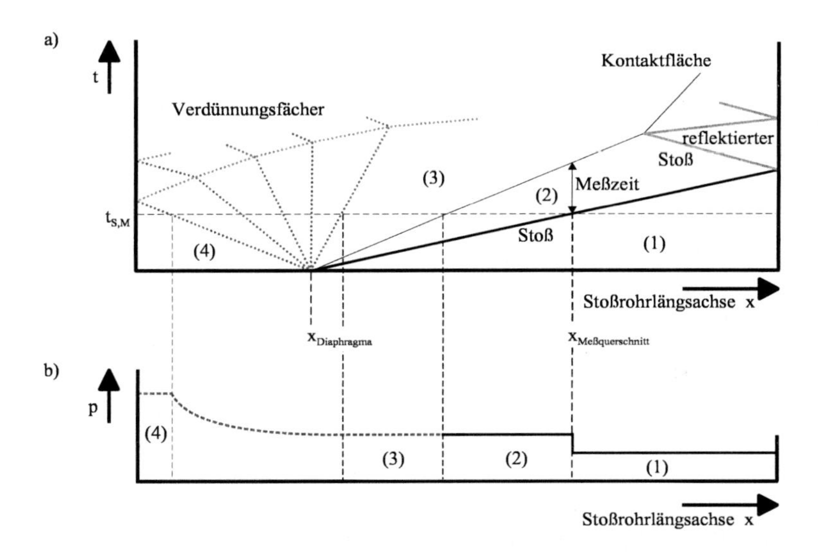

Abb. 2.3 - 1: Dargestellt sind a) das Charakteristikendiagramm des Stoßrohrs und b) der Druckverlauf zum Zeitpunkt $t_{S,M}$. Die Zustände im Stoßrohr sind mit (1) bis (4) gekennzeichnet.

Meßzeit ergibt sich aus der Zeitdifferenz zwischen Eintreffen des Verdichtungsstoßes im Meßquerschnitt und dem Eintreffen von störenden Wellen oder der Kontaktfläche. Störende Wellen können der reflektierte Verdichtungsstoß oder auch die Front des reflektierten Verdünnungsfächers sein. Im unteren Teil von Abbildung 2.3 - 1 ist der Druckverlauf über der Stoßrohrachse zum Zeitpunkt $t_{S,M}$, dem Eintreffen der Stoßfront im Meßquerschnitt, dargestellt.

Die Zeitachse der Meßsignale, die während des Experimentes aufgezeichnet werden, ist die sogenannte Laborzeit. Der Unterschied zwischen Laborzeit und Partikelzeit kommt dadurch zustande, daß die instationären, transienten Prozesse der Stoßwellenausbreitung in der Stoßrohranlage mit ortsfesten Meßeinrichtungen gemessen werden. In dem zugehörigen Koordinatensystem werden die Ausbreitungsgeschwindigkeit der Stoßfront v_S und die Geschwindigkeit des Nachlaufes v_2 verwendet. In der numerischen Simulation ist es üblich, die Vorgänge in einem stoßfixierten Ko-

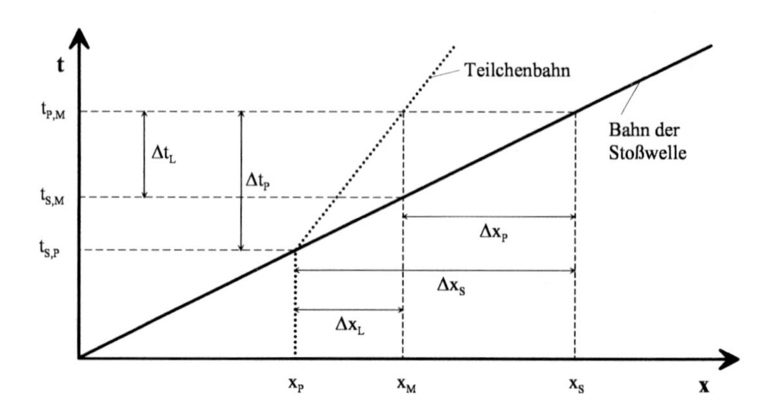

Abb. 2.3-2: Zusammenhang zwischen Partikelzeit und Laborzeit.

ordinatensystem zu beschreiben. In diesem Koordinatensystem strömt das Testgas im Zustand (1) mit der Geschwindigkeit w_1 in die ruhende Stoßfront ein. Das Gas verläßt die Stoßfront mit der Geschwindigkeit w_2 im Zustand (2). Sind die Geschwindigkeiten über den gesamten Zeitraum hinweg konstant, so ergibt sich

$$w_1 = v_S \quad \text{und} \quad w_2 = v_S - v_2 \quad . \tag{2.3-1}$$

Für konstanten Strömungsquerschnitt liefert die Kontinuitätsgleichung

$$\frac{w_2}{w_1} = \frac{\rho_1}{\rho_2} \quad . \tag{2.3-2}$$

Damit läßt sich der Zusammenhang zwischen der Nachlaufgeschwindigkeit v_2 und der Abströmgeschwindigkeit w_2 in der Form

$$v_2 = w_2 \left(\frac{\rho_2}{\rho_1} - 1 \right) \tag{2.3-3}$$

angeben. Anhand von Abbildung 2.3-2 werden nun die Zusammenhänge zwischen Partikelzeit und Laborzeit erläutert. Ein Gasteilchen, das zum Zeitpunkt $t_{S,P}$ an der Stelle x_P von dem Verdichtungsstoß erfaßt wird, trifft zum Zeitpunkt $t_{P,M}$ im

Meßquerschnitt x_M des Stoßrohrs ein; die Stoßfront durchläuft schon vorher, nämlich zum Zeitpunkt $t_{S,M}$ den Meßquerschnitt. Die Partikelzeit Δt_P bezieht sich auf den Zeitpunkt, in dem das betrachtete Gasteilchen von dem Verdichtungsstoß erfaßt wird; die Laborzeit Δt_L bezieht sich auf den Zeitpunkt, in dem die Stoßfront durch den Meßquerschnitt läuft. Da zum Zeitpunkt $t_{P,M}$ der Abstand zwischen Stoßfront und Meßquerschnitt genauso groß ist wie der Abstand zwischen Stoßfront und dem betrachteten Gasteilchen, ergibt sich

$$\Delta x_P = v_S \Delta t_L = w_2 \Delta t_P \quad . \tag{2.3-4}$$

Mit Hilfe der Kontinuitätsgleichung erhält man zwischen Partikelzeit und Laborzeit den Zusammenhang

$$\Delta t_P = \frac{\rho_2}{\rho_1} \Delta t_L \quad . \tag{2.3-5}$$

Aus diesen Überlegungen folgt der Zusammenhang zwischen dem Weg Δx_L, den das betrachtete Gasteilchen bis zum Meßzeitpunkt $t_{P,M}$ im Stoßrohr zurückgelegt hat, und dem Abstand Δx_P zwischen dem Gasteilchen und der Stoßfront zu diesem Zeitpunkt. Man erhält

$$\Delta x_L = \left(\frac{\rho_2}{\rho_1} - 1\right) \Delta x_P \quad . \tag{2.3-6}$$

Die in den Gleichungen (2.3 - 1) bis (2.3 - 6) angegebenen Zusammenhänge gelten nur dann exakt, wenn sowohl Stoßfrontgeschwindigkeit als auch Nachlaufgeschwindigkeit während der Meßzeit konstant sind und wenn sich der Strömungsquerschnitt im Stoßrohr während der Meßzeit nicht verändert. Tatsächlich wird jedoch die Nachlaufgeschwindigkeit durch die Stoßrohr-Grenzschicht hinter dem Verdichtungsstoß beeinflußt [34]. Dadurch wird die Geschwindigkeit der Stoßfront im Laufe der Meßzeit reduziert, so daß die in den obigen Gleichungen angegebenen Zusammenhänge nicht über den gesamten Meßzeitraum hinweg unverändert gelten. Um zu genaueren Beziehungen zu kommen, muß die Kontinuitätsgleichung dann in der Form

$$\int_{r=0}^{r_{Str}} w_2 \varrho_2 r \, dr = \int_{r=0}^{r_{Str}} w_1 \varrho_1 r \, dr \tag{2.3-7}$$

für alle Zeitpunkte des Meßzeitraums gelöst werden, wobei der Radius des Strömungsquerschnitts r_{Str}, der im Meßquerschnitt des Stoßrohrs zur Verfügung steht, von der Verdrängungsdicke der Stoßrohr-Grenzschicht am Ort x_M abhängt und damit eine Funktion der Laborzeit ist. Zur Lösung der Gleichung (2.3 - 7) sind deshalb genauere Kenntnisse über den Aufbau der Stoßrohr-Grenzschicht und dem daraus resultierenden orts- und zeitabhängigen Geschwindigkeitsprofil der Nachlaufströmung sowie dem Verlauf der Geschwindigkeitsrelaxation erforderlich.

Alle Meßergebnisse in dieser Arbeit werden über der Laborzeit angegeben, wobei der Nullpunkt der Zeitachse mit dem Eintreffen der Stoßfront im Meßquerschnitt übereinstimmt. Bei Vergleichen zwischen Ergebnissen der Simulationsprogramme von *Widdecke* [33] und *Stuhler* [15] und den experimentellen Ergebnissen dieser Arbeit wird die Umrechnung der Zeitachse der numerischen Ergebnisse von Partikelzeit auf Laborzeit vorgenommen. Für den Zusammenhang zwischen Labor- und Partikelzeit gilt

$$t_L = t_{S,P} + \int_{t_P} \frac{\rho_1}{\rho_2(t_P)} \, dt_P \quad . \qquad (2.3\text{-}8)$$

In den Experimenten der vorliegenden Arbeit wurde ein Transientenrecorder zur Aufzeichung der Meßsignale über der Laborzeit eingesetzt. Getriggert wurde der Transientenrecorder mit Signalen von Druckmeßsonden. Der Nullpunkt der Zeitachse wurde dann so verschoben, daß er mit dem Eintreffen der Stoßfront im Meßquerschnitt des Infrarot-Dioden-Laser zusammenfällt.

3 Das Linienspektrum von NO

In der vorliegenden Arbeit war es für die Planung der Versuche erforderlich, die zu erwartenden Absorptionsspektren von NO im Relaxationsgebiet hinter Verdichtungsstößen vorauszuberechnen. Für die Auswertung der mit dem TDLAS gemessenen Transmissionssignale war es wichtig, den Aufbau des Linienspektrums von NO zu kennen. Zur Lösung dieser Aufgaben wurde das von *Goldman* und *Schmidt* stammende Verfahren zur Berechnung des Linienspektrums von Stickstoffmonoxid herangezogen und für die vorliegende Arbeit so erweitert, daß nun drei getrennte Temperaturen für die Freiheitsgrade der Translation, der Rotation und der Schwingung berücksichtigt werden [27]. Damit ist es jetzt möglich, Absorptionsspektren von NO bei Abweichungen vom thermischen Gleichgewicht zu berechnen.

Im vorliegenden Kapitel werden der Aufbau des Linienspektrums von NO sowie Modelle zur Berechnung von Absorptionslinien in einem Gas im thermischen Gleichgewicht behandelt. Aufbauend auf dieser Modellierung mit einer Temperatur wird dann die im Rahmen der vorliegenden Arbeit entwickelte **D**rei-**T**emperatur-**M**odellierung (DTM) erläutert. Verschiedene Verbreiterungsmechanismen und die sich daraus ergebenden Profilformen werden dargestellt; außerdem werden berechnete Spektren mit Spektren aus der Literatur verglichen.

3.1 Klassifikation der Energiezustände

Stickstoffmonoxid ist das einzige bekannte stabile Molekül mit einem resultierenden Drehimpuls der Elektronen um die Kernverbindungsachse, welches dazu eine ungerade Anzahl von Elektronen hat [35, 36]. Eine weitere Besonderheit dieses Moleküls ist, daß es eine variable Position zwischen zwei Grundkopplungsschemata einnimmt und sich damit verschiedene intermolekulare Kopplungen auf die Energiezustände auswirken. Obwohl das NO-Molekül nur aus zwei Atomen besteht, ergibt sich ein verhältnismäßig komplexes Infrarotspektrum. Im folgenden werden verschiedene Grundlagen des Molekülaufbaus erläutert, soweit sie zum Verständnis des komplexen Linienspektrums von NO in dem für die vorliegende Arbeit relevanten infraroten Spektralbereich benötigt werden.

Zur Modellierung der Energie von zweiatomigen Molekülen wird oft das Modell einer Hantel mit Eigenschaften eines anharmonischen Oszillators herangezogen; damit ergibt sich ein nichtstarrer Rotator mit einer Kopplung von Rotation und Schwingung. Bei diesem Modell wird im allgemeinen davon ausgegangen, daß der Elektronen-Bahndrehimpuls vernachlässigbar klein ist. Für das NO-Molekül muß jedoch der Elektronen-Bahndrehimpuls $\vec{L}$ berücksichtigt werden. Es findet eine Präzession von $\vec{L}$ um die Kernverbindungsachse statt. Die Annahme, daß $\vec{L}$ näherungsweise nach Größe und Richtung als konstant angesehen werden kann, wird umso schlechter, je schneller diese Präzession ist. Deshalb ist zweckmäßig, nicht $\vec{L}$, sondern nur die Komponente von $\vec{L}$ in Richtung der Kernverbindungsachse $\vec{\Lambda}$ zur Klassifikation des Zustandes heranzuziehen. Der Drehimpulsvektor $\vec{\Lambda}$ ist unabhängig von der Präzessionsbewegung und somit zeitlich konstant. Er wird durch die Quantenzahl Λ dargestellt. Bei einem bestimmten Wert von $\vec{L}$ kann Λ nur die Werte

$$\Lambda = 0, 1, 2, \ldots, L \qquad (3.1\text{-}1)$$

annehmen. Für jeden Wert von $\vec{L}$ hat man im Molekül $L + 1$ mögliche Zustände unterschiedlicher Energie. Weiter gilt für $\Lambda \neq 0$, daß die Elektronenzustände zweifach entartet sind. Sie unterscheiden sich durch die Drehrichtung der Rotation der Elektronen um die Kernverbindungslinie. In der Literatur wurden spezielle Bezeichnungen der Molekülterme eingeführt. Molekülzustände mit $\Lambda = 0, 1, 2, 3, \ldots$ bezeichnet man als $\Sigma, \Pi, \Delta, \Phi, \ldots$-Terme. Der Grundzustand des NO-Moleküls ist wegen $\Lambda = 1$ ein Π-Term [z.B. 35, 37].

Stickstoffmonoxid besitzt eine ungerade Anzahl von Elektronen und damit einen resultierenden Spin der Elektronen $\vec{S}$, welcher durch die Quantenzahl S gekennzeichnet wird. Bei rotierenden Molekülen mit $\Lambda \neq 0$ ergibt sich eine Präzession von $\vec{S}$ um die Kernverbindungsachse mit einer konstanten Komponente Σ in Richtung der Kernverbindungsachse. Die quantentheoretisch möglichen Werte von Σ sind

$$\Sigma = S, S-1, S-2, \ldots, -S \quad . \tag{3.1-2}$$

Somit sind $2S+1$ verschiedene Werte für Σ möglich. Man spricht von einer Multiplettstruktur mit $2S+1$ Zuständen. Speziell für NO ergibt sich $S = 1/2$ und damit eine Dublettstruktur mit $\Sigma = \pm 1/2$. Die Multiplizität $2S+1$ wird dem Termsymbol als linker oberer Index angefügt; der Grundzustand von NO ist somit ein $^2\Pi$-Term.

Der Elektronen-Bahndrehimpuls $\vec{\Lambda}$ und der Spin-Drehimpuls $\vec{S}$ werden, wie in Abbildung 3.1 - 1 dargestellt, zum Gesamtdrehimpuls der Elektronen $\vec{\Omega}$ zusammengefaßt. Hierbei sind zwei Fälle zu unterscheiden: Im ersten Fall ist $\vec{\Sigma}$ antiparallel zu $\vec{\Lambda}$, und im zweiten Fall ist $\vec{\Sigma}$ parallel zu $\vec{\Lambda}$. Da alle drei Vektoren in der Kernverbindungslinie liegen, ist die Quantenzahl Ω des resultierenden Elektronendrehimpulses um die Kernverbindungslinie $\vec{\Omega}$ durch

$$\Omega = |\Lambda + \Sigma| \tag{3.1-3}$$

gegeben. Der $^2\Pi$-Zustand des NO-Moleküls ist demnach zweigeteilt in einen $^2\Pi_{1/2}$-Zustand und einen leicht elektronenangeregten $^2\Pi_{3/2}$-Zustand. Die Quantenzahl $\Omega = 1/2$ oder $\Omega = 3/2$ wird als rechter unterer Index an das Termsymbol angefügt. Bedingt durch den geringen Energieunterschied von ca. 120 cm^{-1} liegen beide Zustände so nahe beieinander, daß sich bei Raumtemperatur eine Verteilung mit etwa 64% aller Teilchen im $^2\Pi_{1/2}$-Zustand einstellt [38].

Der Gesamtdrehimpuls $\vec{J}$ eines Moleküls setzt sich aus dem Gesamtdrehimpuls der Elektronen $\vec{\Omega}$ und dem Drehimpuls der Kernrotation $\vec{N}$ zusammen. Für die Kopplung der Drehimpulsvektoren gibt es verschiedene Möglichkeiten. Man muß dazu den

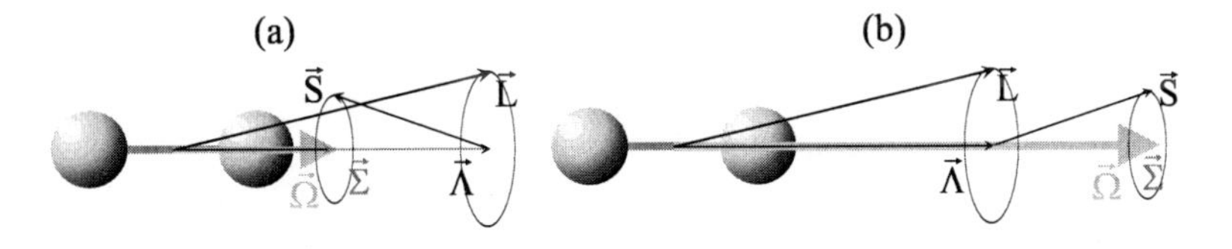

Abb. 3.1 - 1: Vektordiagramm für einen $^2\Pi_{1/2}$-Term (a) und einen $^2\Pi_{3/2}$-Term (b).

gegenseitigen Einfluß von Kernrotation und Elektronenbewegung genauer betrachten. Verschiedene Kopplungsmöglichkeiten von Elektronenspin, Elektronenbahndrehimpuls und Drehimpuls der Kernrotation wurden zuerst von *Hund* beschrieben [z.B. 35]. Nur die zwei wichtigsten Fälle werden im folgenden berücksichtigt.

Hund's Fall a) : Dieser Kopplungsfall entspricht den bisher bei der Klassifikation der Elektronenzustände gemachten Annahmen. Es wird angenommen, daß die Wechselwirkung der Kernrotation mit der Elektronenbewegung sehr schwach ist, während die Elektronenbewegung selbst sehr fest an die Kernverbindungslinie gekoppelt ist. Dann ist Ω, entsprechend Abbildung 3.1 - 1, auch noch im rotierenden Molekül gut definiert. Der Drehimpuls der Kernrotation $\vec{N}$ setzt sich in diesem Fall mit $\vec{\Omega}$ zum resultierenden Drehimpulsvektor $\vec{J}$ zusammen. In Abbildung 3.1 - 2 ist das Vektorgerüst zur Veranschaulichung dargestellt. Aus der Kopplung von $\vec{\Omega}$ und $\vec{N}$ folgt, daß die Rotationsquantenzahl j nicht kleiner als Ω sein kann. Es gilt

$$j = \Omega, \Omega + 1, \Omega + 2, \ldots \quad . \qquad (3.1\text{-}4)$$

Ist Ω halbzahlig, so folgt daß auch j halbzahlig ist. Dies ist bei Molekülen mit ungerader Elektronenzahl, also auch bei NO, der Fall. Hieraus ergibt sich auch, daß im $^2\Pi_{3/2}$-Zustand wegen $\Omega = 3/2$ das erste Rotationsniveau $j = 1/2$ ausfällt.

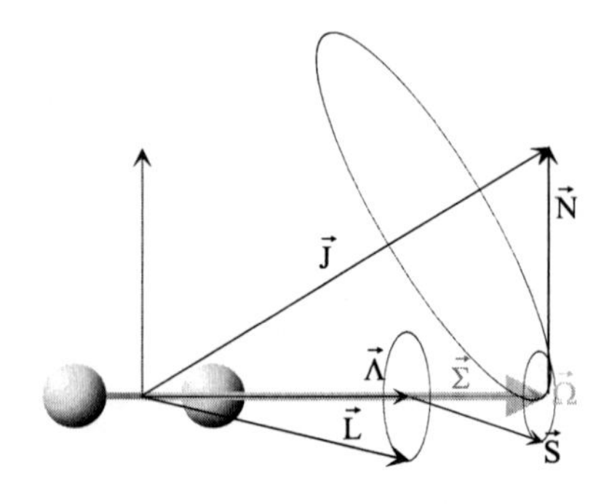

Abb. 3.1 - 2: Vektorgerüst für Hund's Fall **a**) .

Hund's Fall b) : Bei leichten Molekülen kann der Elektronenspin $\vec{S}$ unter Umständen auch für $\Lambda \neq 0$ nur äußerst schwach an die Kernverbindungsachse gekoppelt sein. Dies führt zu Hund's Fall **b**) . In diesem Fall bilden $\vec{\Lambda}$ und $\vec{N}$ eine Resultierende, die mit $\vec{K}$ bezeichnet wird. Die zugehörige Quantenzahl K, welche die ganzzahligen Werte

$$K = \Lambda, \Lambda + 1, \Lambda + 2, \ldots \tag{3.1-5}$$

annehmen kann, steht für den Gesamtdrehimpuls ohne den Elektronenspin. Die Drehimpulsvektoren $\vec{K}$ und $\vec{S}$ setzen sich dann zur Resultierenden $\vec{J}$ zusammen. Die möglichen Werte von j ergeben sich nach dem Prinzip der Vektoraddition zu

$$j = K + S, K + S - 1, K + S - 2, \ldots, |K - S| \quad . \tag{3.1-6}$$

Die Rotationsquantenzahl j ist bei ungerader Elektronenzahl wieder halbzahlig. Das Vektorgerüst von Hund's Fall **b**) ist in Abbildung 3.1 - 3 dargestellt.

Der Übergang von Hund's Fall **a**) nach Fall **b**) wird als Spin-Entkopplung bezeichnet [35]. Alle möglichen Zwischenfälle zwischen **a**) und **b**) kommen für Π-Terme vor. In den meisten Fällen ohne Rotation und bei kleiner Rotation ist Fall **a**) gut erfüllt. Wird mit wachsendem j die Rotationsgeschwindigkeit des Moleküles vergleichbar

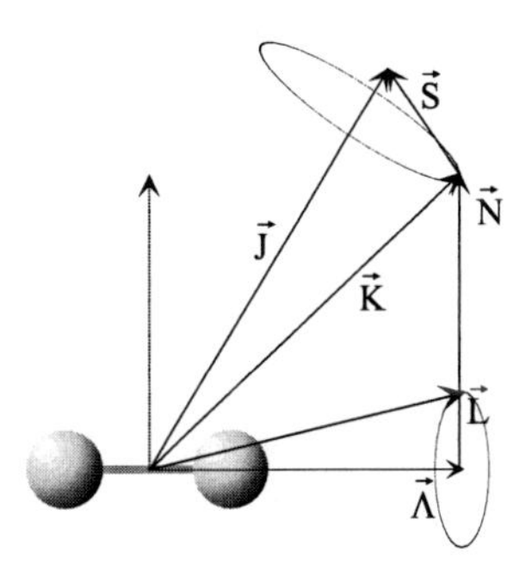

Abb. 3.1 - 3: Vektorgerüst für Hund's Fall **b**) .

mit der Präzessionsgeschwindigkeit von $\vec{S}$ um $\vec{\Lambda}$, so wird $\vec{S}$ von der Molekülachse entkoppelt und setzt sich gemäß Fall **b**) mit $\vec{K}$ zum Gesamtdrehimpuls $\vec{J}$ zusammen. *Hill* und *van Vleck* haben den Termverlauf bei Dublettentermen für beliebige Stärke der Kopplung zwischen $\vec{S}$ und $\vec{\Lambda}$ theoretisch berechnet [39].

Für die Klassifikation der Energiezustände des NO-Moleküls muß noch eine weitere Wechselwirkung mitberücksichtigt werden. Es handelt sich um die Wechselwirkung zwischen der Kernrotation $\vec{N}$ und dem Elektronenbahndrehimpuls $\vec{L}$. Diese bewirkt zweifach entartete Zustände für jeden Wert der Rotationsquantenzahl j; sie wird als Λ-Verdopplung bezeichnet. Die positiven und die negativen Energieterme der Λ-Verdopplung werden als Λ-Aufspaltung bezeichnet. Für Multiplettzustände ist der Verlauf der Λ-Verdopplung unterschiedlich. Bei $^2\Pi$-Zuständen verläuft die Energie der Λ-Aufspaltung der $^2\Pi_{1/2}$-Terme linear mit j, während sie bei den $^2\Pi_{3/2}$-Termen mit der dritten Potenz von j anwächst [35, 40]. Der $^2\Pi_{3/2}$-Term von NO ist Hund's Fall **a**) viel näher als der $^2\Pi_{1/2}$-Term. Damit ergibt sich, daß der Effekt der Λ-Verdopplung beim $^2\Pi_{3/2}$-Term deutlich kleiner ist als beim $^2\Pi_{1/2}$-Term [36].

3.1.1 Absorptionsübergänge im infraroten Spektralbereich

Nachdem im vorhergehenden Kapitel auf die Klassifikation der Energiezustände eingegangen wurde, folgt nun die Auswahl der zulässigen Übergänge. Die hier beschriebenen Auswahlregeln beschränken sich auf den in der vorliegenden Arbeit interessierenden Spektralbereich. Bei den Absorptions- und Emissionsübergängen von NO im Infraroten handelt es sich um Übergänge, bei denen sich die Schwingungsquantenzahl v erhöht oder verringert. Übergänge, bei denen sich die Schwingungsquantenzahl um $\Delta v = 1$ ändert, werden als Grundtöne bezeichnet. Daneben existieren Obertöne mit $\Delta v = 2, 3, \ldots$, die jedoch im Vergleich mit den Grundtönen so geringe Intensitäten besitzen, daß sie im folgenden nicht weiter betrachtet werden. Ein Absorptionsvorgang überführt ein NO-Molekül vom Ausgangszustand mit der Schwingungsquantenzahl v'' in den höher angeregten Schwingungszustand mit $v' = v'' + \Delta v$. Dieser Absorptionsvorgang ist gekoppelt mit der Änderung weiterer Quantenzahlen.

Die in der Literatur ausführlich dargestellten Auswahlregeln für Moleküle im $^2\Pi$-Zustand beinhalten, daß außer Übergängen mit $\Delta j = \pm 1$ auch Übergänge mit $\Delta j = 0$ erlaubt sind. Dies bedeutet, daß bei Molekülen mit einem nicht vernachlässigbaren Trägheitsmoment um die Molekülachse ($\Lambda \neq 0$), zu den bei $\Lambda = 0$

üblichen Übergängen mit $\Delta j = \pm 1$ noch der Übergang mit $\Delta j = 0$ hinzukommt. Die Übergänge mit $\Delta j = -1$ werden als P-Zweig, solche mit $\Delta j = 0$ als Q-Zweig und Übergänge mit $\Delta j = +1$ als R-Zweig bezeichnet. Nach *Herzberg* wurde im Infraroten bisher nur in einem Fall, nämlich dem des NO-Moleküls, tatsächlich ein Q-Zweig beobachtet [35].

Die Auswahlregeln besagen weiter, daß nur Übergänge mit $\Delta\Sigma = 0$ möglich sind, wenn beide $^2\Pi$-Terme bei einem $^2\Pi$-$^2\Pi$-Übergang Hund's Fall **a**) angehören [z.B. 35]. Infolgedessen zerfällt eine $^2\Pi$-$^2\Pi$-Bande in zwei Teilbanden mit $^2\Pi_{1/2}$-$^2\Pi_{1/2}$-Übergängen oder mit $^2\Pi_{3/2}$-$^2\Pi_{3/2}$-Übergängen, die jeweils einen P-Zweig, einen Q-Zweig und einen R-Zweig enthalten. Die beiden Teilbanden mit den jeweils drei Zweigen stellen die sogenannten sechs Hauptzweige dar. Entsprechende Teilbanden erhält man auch, wenn beide Zustände Hund's Fall **b**) angehören. Bei Molekülen, die mit steigender Rotationsquantenzahl j von Hund's Fall **a**) zu Hund's Fall **b**) überwechseln, gehen auch die 6 Hauptzweige vom Fall **a**) in die 6 Hauptzweige des Fall **b**) über. Desweiteren gibt es sogenannte Satellitenzweige, für die $\Delta\Sigma \neq 0$ ist. Beim Übergang vom $^2\Pi_{1/2}$-Zustand zum $^2\Pi_{3/2}$-Zustand spricht man vom **H**igh **E**nergy **S**atellite Band (HES), entsprechend beim Übergang vom $^2\Pi_{3/2}$-Zustand zum $^2\Pi_{1/2}$-Zustand vom **L**ow **E**nergy **S**atellite Band (LES). Nach *Abels* und *Shaw* sind die Intensitäten dieser verbotenen Übergänge um den Faktor 10^{-4} kleiner als die Intensitäten der Übergänge in den Hauptzweigen [38]. Insgesamt sind damit im Spektrum vier Teilbanden (1/2, 3/2, HES und LES) zu berücksichtigen.

Weiterhin muß noch die Aufspaltung der Zustände durch die Λ-Verdopplung bei der Auswahl der möglichen Übergänge berücksichtigt werden. Bei der Berechnung der Energie des Moleküls wird die Energie der Λ-Aufspaltung addiert oder subtrahiert. Die Auswahlregeln lassen nur Übergänge in den P-Zweigen und in den R-Zweigen mit demselben Vorzeichen dieser Energie zu. Bei den Q-Zweigen sind nur Übergänge zwischen Zuständen mit unterschiedlichen Vorzeichen erlaubt [41]. Die Kennzeichnung des Vorzeichens der Energie der Λ-Verdopplung erfolgt durch Anhängen der Bezeichnung D1 oder D2. Wird der Effekt der Λ-Verdopplung vernachlässigt, so wird die Bezeichnung D0 verwendet. Wie schon im Kapitel 3.1 bei der Erläuterung von Hund's Fall **a**) erwähnt, sind eine Reihe von Übergängen durch die untere Beschränkung der Rotationsquantenzahl j nach Gleichung (3.1 - 4) nicht möglich. Diese Übergänge sind in der Tabelle 3.1.1 - 1 zusammengefaßt.

Teilbande :	1/2	3/2	HES	LES
P-Zweig	$j = 0.5$	$j = 0.5$ und 1.5	$j = 0.5$ und 1.5	$j = 0.5$
Q-Zweig		$j = 0.5$	$j = 0.5$	$j = 0.5$
R-Zweig		$j = 0.5$		$j = 0.5$

Tabelle 3.1.1 - 1: Nicht vorkommende Absorptions-Übergänge.

Abschließend wird die im folgenden verwendete Nomenklatur kurz erläutert. Ausgehend von Übergängen mit $\Delta v = +1$ gibt es für das NO-Molekül 24 verschiedene Zweige. Zu einem Zweig gehören alle Übergänge ausgehend von zulässigen Werten für die Schwingungsquantenzahl v'' und allen zulässigen Werten der Rotationsquantenzahl j''. An dem Beispiel eines Übergangs, ausgehend von $v'' = 1$ und $j'' = 5.5$, werden nun die 24 möglichen Zweige erläutert. Da es sich um einen Übergang des Grundtones handelt, muß $v' = v'' + 1 = 2$ sein. Drei mögliche Übergänge liefert die Auswahlregel $\Delta j = 0, \pm 1$. Wie schon erläutert, werden diese Zweige mit den Buchstaben P, Q und R gekennzeichnet. Der jeweilige Buchstabe wird dem Ausgangszustand der Rotation vorangestellt. In dem Beispiel wird der P-Zweig gewählt; damit ist $j' = j'' + 1 = 6.5$. Die Bezeichnung des Übergangs lautet damit

$$\text{P5.5 1} \quad .$$

Oftmals wird auch der Endzustand der Vibration mit angegeben, was dann zu der Bezeichnung

$$\text{P5.5 } 1 \rightarrow 2$$

führt. Eine weitere Aufspaltung bringt die Multiplizität der Spin-Zustände mit sich. Vier Möglichkeiten gibt es für die Änderung des Spin-Zustandes. Die Hauptzweige mit $\Delta\Sigma = 0$ werden mit 1/2 oder 3/2, die Satellitenzweige mit $\Delta\Sigma \neq 0$ entsprechend mit HES oder LES bezeichnet. In dem Beispiel wird von einem Übergang innerhalb des $^2\Pi_{3/2}$-Zustandes ausgegangen. Man erhält damit die Bezeichnung

$$\text{P5.5 } 1 \rightarrow 2 \text{ } 3/2 \quad .$$

Dieser Übergang ist durch die Λ-Verdopplung zweifach entartet. In dem Beispiel soll das energetisch tiefer liegende Niveau verwendet werden; in diesem Fall ist ein negatives Vorzeichen für den Energieterm der Λ-Aufspaltung im Ausgangszustand zu verwenden. Da es sich um einen Übergang im P-Zweig handelt, muß das Vorzeichen der Λ-Aufspaltung im Endzustand auch Minus sein. Die Bezeichnung des Übergangs wird in diesem Fall ergänzt zu

$$\mathrm{P5.5\ 1{\rightarrow}2\ 3/2\ D2} \quad .$$

Die vorgestellte Nomenklatur weist jedem Übergang von NO im Infraroten eine eindeutige Bezeichnung zu. Sie ist abgestimmt auf das im folgenden Kapitel beschriebene Berechnungsverfahren der Molekülenergie und der Linienintensität.

3.2 Berechnungsverfahren für Zustände im thermischen Gleichgewicht

3.2.1 Berechnung der Molekülenergie

Der Zustand eines Moleküls wird durch die in Kapitel 3.1 beschriebenen Quantenzahlen der Rotation und der Schwingung, sowie durch die Kennzahlen für den Spin-Zustand und für die Λ-Verdopplung beschrieben. Die hier verwendeten Beziehungen zur Berechnung der Energie[1] des NO-Moleküls basieren auf einem Ansatz von *Hill* und *van Vleck* [39], welcher von *Almy* und *Horsfall* um weitere Zentrifugalterme erweitert wurde [42]. Der Einfluß des Λ-Verdopplung wurde entsprechend dem Ansatz von *Favero et al.* berücksichtigt [36]. Für die Energie W eines NO-Moleküls in dem durch die Schwingungsquantenzahl v, die Rotationsquantenzahl j und durch den Spin-Zustand i gegebenen Zustand gilt unter Berücksichtigung des Λ-Verdopplung

$$W_i(v,j) = T_i(v,j) \pm 1/2 E_i^\Lambda(v,j) \quad . \tag{3.2.1 - 1}$$

Für den $^2\Pi_{1/2}$-Zustand wird $i = 1$ eingesetzt, für den $^2\Pi_{3/2}$-Zustand $i = 2$. Die Aufspaltung der Zustände durch die Λ-Verdopplung ergibt in der Energie der Moleküle symmetrische Dubletts bezüglich des Energieterms $T_i(v,j)$. Auf die richtige Wahl des Vorzeichens wird weiter unten eingegangen. Die Energie $T_i(v,j)$ eines Zustandes ist

[1] Die Translationsenergie der Moleküle ist für die Berechnung der bei der Absorption oder Emission beteiligten Energieniveaus ohne Bedeutung. Sie wird deshalb hier nicht berücksichtigt.

$$T_i(v,j) = G(v) + B_v[(j+1/2)^2 - \Lambda^2] + B_v[L(L+1) - \Lambda^2] + (-1)^i\sqrt{\frac{A_v}{4}(A_v - 4B_v)\Lambda^2 + B_v^2(j+1/2)^2} - D_v\left[j^2(j+1)^2 - 1/2j(j+1) + \frac{13}{16}\right] \quad . \tag{3.2.1-2}$$

Der Index i kennzeichnet wie oben den Spin-Zustand. Die Größe $G(v)$ steht für die Energie eines anharmonischen Oszillators. Es gilt

$$G(v) = \omega_e(v+1/2) - \omega_e x_e(v+1/2)^2 + \omega_e y_e(v+1/2)^3 + \omega_e z_e(v+1/2)^4 \quad . \tag{3.2.1-3}$$

Die Größen $\omega_e x_e$, $\omega_e y_e$ und $\omega_e z_e$ sind die Anharmonizitätsfaktoren erster, zweiter und dritter Ordnung. Die Rotationskonstante B_v und die Zentrifugalkonstante D_v sind aufgrund der Rotations-Schwingungs-Kopplung von der Schwingungsquantenzahl v abhängig; sie lassen sich in erster Näherung in der Form

$$B_v = B_e - \alpha_e(v+1/2) \tag{3.2.1-4}$$

$$D_v = D_e + \beta_e(v+1/2) \tag{3.2.1-5}$$

darstellen. Die Spin-Bahn-Kopplungs-Größe hängt in der angegebenen Weise ebenfalls von der Schwingungsquantenzahl v ab. Es gilt

$$A_v = A_e - \chi_e(v+1/2) \quad . \tag{3.2.1-6}$$

Die Größen B_e, D_e und A_e sind Molekülkonstanten für den Grundzustand; α_e, β_e und χ_e sind Faktoren, welche die Rotations-Schwingungs-Kopplung kennzeichnen. Die Konstanten L und Λ in Gleichung (3.2.1-2) geben die Einkopplung des Elektronenbahndrehimpulses wieder; beide Größen sind gleich 1 zu setzen. Gleichung (3.2.1-2) vereinfacht sich damit zu

$$T_i(v,j) = G(v) + B_v(j+1/2)^2 + (-1)^i\sqrt{\frac{A_v}{4}(A_v - 4B_v) + B_v^2(j+1/2)^2} - D_v\left[j^2(j+1)^2 - 1/2j(j+1) + \frac{13}{16}\right] \quad . \tag{3.2.1-7}$$

Für die in Gleichung (3.2.1 - 1) benötigten Energieterme der Λ-Aufspaltung gelten

$$\begin{aligned} E_1^\Lambda(j,v) &= -2p_\Lambda(j+1/2) + \frac{4q_\Lambda}{A_v/B_v-2}(j^2-1/4)(j+3/2) \\ &+ \frac{2p_\Lambda}{(A_v/B_v-2)^2}(j^2-1/4)(j+3/2) \\ &+ \frac{p_\Lambda-2q_\Lambda}{2E_{\Pi\Sigma}}\left(A_v-\frac{B_v(p_\Lambda-2q_\Lambda)}{q_\Lambda}\right)(j+1/2) \end{aligned} \qquad (3.2.1\text{-}8)$$

und

$$\begin{aligned} E_2^\Lambda(j,v) &= -\frac{4q_\Lambda}{A_v/B_v-2}(j^2-1/4)(j+3/2) - \frac{2p_\Lambda}{(A_v/B_v-2)^2}(j^2-1/4)(j+3/2) \\ &- \frac{(p_\Lambda-2q_\Lambda)A_v}{2E_{\Pi\Sigma}}(j+1/2) \quad . \end{aligned} \qquad (3.2.1\text{-}9)$$

Hierbei sind p_Λ und q_Λ die Konstanten der Λ-Verdopplung. Die Größe $E_{\Pi\Sigma}$ steht für die Energiedifferenz zwischen dem $^2\Pi$-Zustand und dem $^2\Sigma$-Zustand. Der Literatur ist zu entnehmen, daß die jeweils letzten Summationsterme in den Gleichungen (3.2.1 - 8) und (3.2.1 - 9) so klein sind, daß sie vernachlässigt werden können [27].

Die Wellenzahl der Linienmitte ν_0 eines Übergangs, der vom Zustand (v'', j'', i'') in den Zustand (v', j', i') führt, ergibt sich durch Subtraktion der entsprechenden Energieterme. Man erhält

$$\nu_0 = W_{i'}(v',j') - W_{i''}(v'',j'') \quad , \qquad (3.2.1\text{-}10)$$

wobei $i = 1$ für den $^2\Pi_{1/2}$-Zustand und $i = 2$ für den $^2\Pi_{3/2}$-Zustand zu setzen ist. Die Vorzeichenregelung für die Λ-Verdopplung in Gleichung (3.2.1 - 1) wurde nach *Keck* und *Hause* gewählt [41]. Die Bezeichnung D1 steht in den P-Zweigen und in den R-Zweigen für negative Vorzeichen vor den beiden Energietermen der Λ-Aufspaltung; die Bezeichung D2 entspricht positiven Vorzeichen. In den Q-Zweigen wird bei D1 ein positives Vorzeichen im Ausgangszustand und ein negatives Vorzeichen im Endzustand verwendet; für D2 wird entsprechend umgekehrt verfahren. Fallen beide Linien aufgrund sehr kleiner Energien der Λ-Aufspaltung im Experiment zusammen, so wird die Λ-Verdopplung vernachlässigt und die Bezeichnung D0 verwendet.

3.2.2 Berechnung der Zustandssumme

Die Berechnung der Zustandssumme erfolgt für Zustände im thermischen Gleichgewicht gemäß

$$Q(T) = \sum_{v,j,i} g_{v,j,i} \cdot e^{-\frac{E_{v,j,i}}{kT}} = \sum_{v,j,i} g_{v,j,i} \cdot e^{-\frac{E_{vib}+E_{rot}}{kT}} = \sum_{v,j,i} g_{v,j,i} \cdot e^{-\frac{hc(W_{i''}(v'',j''))}{kT}} \quad . \tag{3.2.2 - 1}$$

Der gesamte Entartungsgrad $g_{v,j,i}$ setzt sich aus der Entartung der Schwingungszustände und der Entartung der Rotationszustände zusammen. Für zweiatomige Moleküle gilt $g_{vib} = 1$ und $g_{rot} = 2j + 1$, was dann zu

$$g_{v,j,i} = g_{vib} \cdot g_{rot} = 2j + 1 \tag{3.2.2 - 2}$$

führt. Bei der Berechnung der Zustandssumme werden die Summationen über die Rotationsquantenzahl und über die Schwingungsquantenzahl abgebrochen, wenn die Energie des Molekülzustandes die Dissoziationsenergie $E_{Diss} = 53365\,\text{cm}^{-1}$ überschreitet.

3.2.3 Berechnung der Linienintensität

Für die Berechnung der Intensität von Übergängen mit $\Delta v = 1$ gibt *Penner* die Beziehung

$$S = S^0(T,p)\, \frac{\nu_0}{\bar{\nu}}\, (v'' + 1)\, e^{-W_{i''(v'',j'')} hc_0/kT} \cdot (1 - e^{-hc_0\nu_0/kT})\, S^w_{(\Omega'',v'',j'')}\, \frac{F(m)}{Q(T)} \tag{3.2.3 - 1}$$

an [43]. Auf die einzelnen Terme dieser Gleichung wird im folgenden näher eingegangen. Die Gesamtbandintensität der Banden mit $\Delta v = 1$ kann über die Beziehung

$$S^0(T,p) = \frac{T_0\, p}{T\, p_0}\, S^0(STP) \tag{3.2.3 - 2}$$

Autor	Gesamtbandintensität* $S^0(STP)$ in $cm^{-2}atm^{-1}$
Haven	121
Dinsmore und Crawford	145 ± 29
Penner und Weber	70 ± 7
Vincent-Geisse	82
Schurin und Clough	111 ± 7
James	138 ± 6
Ford und Shaw	115 ± 9
Breeze und Ferriso	76 ± 7
Abels und Shaw	122 ± 6

* Temperatur $T_0 = 273\,K$, Druck $p_0 = 1\,atm$.

Tabelle 3.2.3 - 1: Gemessene Werte für die Gesamtbandintensität $S^0(STP)$ nach *Abels* und *Shaw* [38].

an die Gastemperatur und an den Druck des zu untersuchenden Gases angepaßt werden [27]. Die Werte für die Gesamtbandintensität bei Standardbedingungen $S^0(STP)$, nämlich bei $T_0 = 273\,K$ und $p_0 = 1\,atm$, wurden von mehreren Autoren bestimmt [38]. Wie die Tabelle 3.2.3 - 1 zeigt, gibt es deutliche Unterschiede in den Werten für die Gesamtbandintensität. Diese Schwankungen sind zum einen auf die unterschiedlichen Methoden zur Bestimmung der Gesamtbandintensität zurückzuführen, zum weiteren führen nach *Oppenheim*, *Goldman* und *Aviv* zu lange Absorptionsstrecken bei der Breitbandmessung zu Abweichungen von dem linearen Zusammenhang zwischen Absorptionsweg und Gesamtabsorption [44]. In der vorliegenden Arbeit wurde für die Gesamtbandintensität der Wert von *Abels* und *Shaw* verwendet [38], da dieser Wert in Kombination mit dem Berechnungsverfahren von *Goldman* und *Schmidt* gute Ergebnisse liefert [27]. Der Ansatz mit einem konstanten Wert für die Gesamtbandintensität $S^0(STP)$ ist nach *Goldman* und *Schmidt* nur im Bereich von 273 K bis 5000 K zu verwenden. Für Bereiche höherer Temperaturen konnte in der Literatur keine Aussage gefunden werden.

Die in Gleichung (3.2.3 - 1) auftretende Wellenzahl des Bandenzentrums $\bar{\nu}$ erhält man aus den Q-Übergängen über die Beziehung

$$\bar{\nu} = G(v') - G(v'') \quad . \tag{3.2.3-3}$$

Die Wellenzahl der Linienmitte ν_0 wird aus Gleichung (3.2.1-10) bestimmt. Die Terme

$$e^{-W_{i''(v'',j'')}hc/kT}\left(1 - e^{-hc\nu_0/kT}\right) \tag{3.2.3-4}$$

in Gleichung (3.2.3-1) beruhen nach *Penner* auf der Annahme einer Boltzmannverteilung für die Temperatur [43]. Die Berechnung der Zustandssumme $Q(T)$ erfolgt wie im Kapitel 3.2.2 beschrieben.

Übergangswahrscheinlichkeit

Von *James* wurden Gleichungen zur Berechnung der Übergangswahrscheinlichkeiten, welche in den quantenphysikalischen Wellenfunktionen des NO-Moleküls begründet sind, vorgestellt [40]. Ein großer Teil davon wurde von *Goldman* und *Schmidt* übernommen [27]. Von *Sobeck* wurden verschiedene Unterschiede dieser beiden Literaturstellen festgestellt [45]. In der vorliegenden Arbeit werden die von *Sobeck* korrigierten Formeln verwendet. Für die Unterscheidung der Übergänge in der $^2\Pi_{1/2}$-Bande und in der $^2\Pi_{3/2}$-Bande, bei denen sich der Spin-Zustand des Moleküls im Gegensatz zu den sogenannten Satellitenbändern nicht ändert, wird die Variable Ω verwendet, entsprechend der in Kapitel 3.1.1 eingeführten Quantenzahl des resultierenden Elektronenspins.

Für die Gleichungen der Übergangswahrscheinlichkeiten der $^2\Pi_{1/2}$-Bande und der $^2\Pi_{3/2}$-Bande (keine Änderung des Spin-Zustandes und somit $\Delta\Omega = 0$) ergibt sich

$$S_P^w(\Omega_i,v,j \to \Omega_i,v+1,j-1) = \frac{1}{j}\left[a_{v+1,j-1}a_{v,j}\sqrt{j^2-\Omega_i^2} + b_{v+1,j-1}b_{v,j}\sqrt{j^2-\Omega_k^2}\right]^2 , \tag{3.2.3-5}$$

$$S_Q^w(\Omega_i,v,j \to \Omega_i,v+1,j) = \frac{2j+1}{j(j+1)}\left[a_{v+1,j}a_{v,j}\Omega_i + b_{v+1,j}b_{v,j}\Omega_k\right]^2 \tag{3.2.3-6}$$

und

$$S_R^w(\Omega_i,v,j \to \Omega_i,v+1,j+1) = \frac{1}{j+1}\left[a_{v+1,j+1}a_{v,j}\sqrt{(j+1)^2-\Omega_i^2}+b_{v+1,j+1}b_{v,j}\sqrt{(j+1)^2-\Omega_k^2}\right]^2 \ . \qquad (3.2.3\text{-}7)$$

Hierbei ist $\Omega_i = 1/2$ und $\Omega_k = 3/2$ für die $^2\Pi_{1/2}$-Bande und $\Omega_i = 3/2$ und $\Omega_k = 1/2$ für die $^2\Pi_{3/2}$-Bande.

Für die Satellitenbänder mit $\Delta\Omega \pm 1$ gilt

$$S_P^w(\Omega_i,v,j \to \Omega_k,v+1,j-1) = \frac{1}{j}\left[a_{v,j}b_{v+1,j-1}\sqrt{j^2-\Omega_i^2}-b_{v,j}a_{v+1,j-1}\sqrt{j^2-\Omega_k^2}\right]^2, \qquad (3.2.3\text{-}8)$$

$$S_Q^w(\Omega_i,v,j \to \Omega_k,v+1,j) = \frac{2j+1}{j(j+1)}\Omega_i^2\left[a_{v+1,j}a_{v,j}\cdot b_{v+1,j}b_{v,j}\right] \qquad (3.2.3\text{-}9)$$

und

$$S_R^w(\Omega_i,v,j \to \Omega_k,v+1,j+1) = \frac{1}{j+1}\left[a_{v,j}b_{v+1,j+1}\sqrt{(j+1)^2-\Omega_i^2}-b_{v,j}a_{v+1,j+1}\sqrt{(j+1)^2-\Omega_k^2}\right]^2 \ . \qquad (3.2.3\text{-}10)$$

Hierbei ist $\Omega_i = 1/2$ und $\Omega_k = 3/2$ für das HES-Band sowie $\Omega_i = 3/2$ und $\Omega_k = 1/2$ für das LES-Band.

Die Koeffizienten der Wellenfunktion $a_{j,v}$, $b_{j,v}$ und $X_{j,v}$, die zur Berechnung der Übergangswahrscheinlichkeiten benötigt werden, sind durch die Gleichungen

$$a_{j,v} = \left[\frac{X_{j,v}-2+A_v/B_v}{2X_{j,v}}\right]^{1/2} \qquad (3.2.3\text{-}11)$$

$$b_{j,v} = \left[\frac{X_{j,v}+2-A_v/B_v}{2X_{j,v}}\right]^{1/2} \qquad (3.2.3\text{-}12)$$

gegeben. Hierbei steht der Term $X_{j,v}$ für den Ausdruck

$$X_{j,v} = \left[4(j+1/2)^2+(A_v/B_v)(A_v/B_v-4)\right]^{1/2} \ . \qquad (3.2.3\text{-}13)$$

Ein weiterer Faktor aus Gleichung (3.2.3 - 1), auf den nun näher eingegangen werden soll, ist der Kopplungskorrektur-Faktor $F(m)$.

Kopplungskorrektur-Faktor

Der Kopplungskorrektur-Faktor berücksichtigt den Einfluß der Rotations-Schwingungs-Wechselwirkung auf die Intensität einzelner Übergänge. Eine theoretische Ableitung dieser Wechselwirkungen für zweiatomige Moleküle wurde von *Herrman* und *Wallis* vorgeschlagen [46]. Obwohl die von diesen Autoren abgeleiteten Beziehungen für den Kopplungskorrektur-Faktor strenggenommen nicht exakt auf das NO-Molekül anwendbar sind, gibt die Gleichung für $F(m)$ in der Form

$$F(m) = 1 - 4.7 * 10^{-4} m + 9.5 * 10^{-6} m(m-1) \qquad (3.2.3\text{-}14)$$

zumindest die richtige Größenordnung für den Kopplungskorrektur-Faktor wieder. Genauere Untersuchungen hierzu wurden von *Carpernter* und *Franzosa* entwickelt [47]. In Gleichung (3.2.3-14) steht m für $-j$ beim P-Zweig und für $j+1$ beim R-Zweig. Beim Q-Zweig, bei dem keine Änderung des Rotationszustandes auftritt, wird $F(m) = 1$ gesetzt.

Erst bei hohen Temperaturen, im Bereich über 1000 K, sind die Energieniveaus mit hohen Werten der Rotationsquantenzahl nennenswert besetzt, bei denen die Korrektur entsprechend Gleichung (3.2.3-14) einen merkbaren Einfluß haben könnte. Selbst hier sind jedoch die Auswirkungen auf das Spektrum gering, da die Besetzungsdichten dieser energetisch hoch angeregten Zustände sehr klein sind und somit das Spektrum durch die überlagerten Absorptionslinien von nicht so hoch angeregten Molekülen dominiert wird [47].

3.3 Berücksichtigung von Abweichungen vom thermischen Gleichgewicht

Für die Berechnung des Absorptionslinienspektrums bei Abweichungen vom thermischen Gleichgewicht wird davon ausgegangen, daß jeweils eine separate Boltzmannverteilung für die Freiheitsgrade der Translation, der Rotation sowie der Schwingung der NO-Moleküle vorliegt. Damit ergibt sich eine Modellierung mittels dreier Temperaturen, welche **D**rei-**T**emperatur-**M**odell, kurz DTM, genannt wird. Die Besetzung der Energieniveaus der Translation ist durch die Translationstemperatur

T_{trans} bestimmt. Für die Besetzung der Energieniveaus der Rotation ist die Rotationstemperatur T_{rot} und für die der Schwingung die Schwingungstemperatur T_{vib} maßgeblich. In den folgenden Kapiteln werden die verschiedenen Modifikationen der Berechnungsverfahren für die Energie und die Linienintensitäten gegenüber dem Gleichgewichtsmodell behandelt.

3.3.1 Berechnung der Zustandssumme im DTM

Bei der Modellierung mit nur einer Temperatur T wird zur Berechnung der Zustandssumme im Exponenten der Gleichung (3.2.2 - 1) der Quotient aus der Energie des Moleküles und der Temperatur gebildet. Beim DTM muß entsprechend jeweils der Anteil der Rotationsenergie durch die Rotationstemperatur T_{rot} sowie der Anteil der Schwingungsenergie durch die Schwingungstemperatur T_{vib} geteilt werden. Die dritte Temperatur die Translationstemperatur T_{trans} geht in die Berechnung der Zustandssumme nicht ein, da die kinetische Energie für die Lage und die drucknormierte Intensität der Absorptionslinien keine Bedeutung hat. Sie wird nur in der Doppler-Linienverbreiterung sichtbar. Auf diesen Punkt wird in Kapitel 3.4.1 näher eingegangen. Für die Zustandssumme ergibt sich nun

$$Q(T_{rot}, T_{vib}) \;=\; \sum_{v,j,i} g_{v,j,i} \cdot \exp\left[-\left(\frac{E_{rot}}{k\,T_{rot}} + \frac{E_{vib}}{k\,T_{vib}}\right)\right] \quad . \qquad (3.3.1 - 1)$$

Für den Entartungsgrad gilt weiterhin Gleichung (3.2.2 - 2). Die Summationen in Gleichung (3.3.1 - 1) werden wieder bis zur Überschreitung der Dissoziationsenergie durchgeführt. Damit sind die zur jeweiligen Schwingungsquantenzahl zugehörige maximale Rotationsquantenzahl und die maximale Schwingungsquantenzahl bestimmt. Die Vorgehensweise von *Sobeck*, ein Polynom zu entwickeln, das den Zusammenhang zwischen Temperatur und Zustandssumme wiedergibt, wird für den hier vorliegenden zweiparametrigen Fall nicht angewendet [45]. Die Rechenzeit auf einer Workstation für die Berechnung der Zustandssumme im DTM ist so kurz, daß die Summationen immer explizit durchgeführt werden können und somit der Aufwand für die Anpassung eines Polynoms zweiter Ordnung an die Zustandssumme nicht gerechtfertigt ist. Im nächsten Kapitel wird nun auf die Aufteilung der Energie des Molekülzustandes in die Anteile der Rotation und Schwingung, die für die Berechnung der Zustandssumme benötigt werden, eingegangen.

3.3.2 Aufteilung der Energie in Rotationsenergie und Schwingungsenergie

Die Energie eines Moleküls kann mit den Beziehungen die in Kapitel 3.2.1 vorgestellt wurden berechnet werden. Der Term $G(v)$ in Gleichung (3.2.1 - 3) steht für die Energie eines anharmonischen Oszillators; er ist somit vollständig der Schwingungsenergie zuzuordnen. Aufgrund des großen Wertes des Verhältnisses aus Rotationsfrequenz und Schwingungsfrequenz kann davon ausgegangen werden, daß durch die Anregung der Schwingung der mittlere Abstand, welcher der Berechnung der Rotationsenergie zugrundeliegt, vergrößert wird. Dagegen erfolgt bei der Anregung der Rotationsfreiheitsgrade des Moleküls eine Verschiebung des Mittelpunktes der Schwingung zu einem größeren Atomabstand. Betrachtet man nun unter diesen Gesichtspunkten die restlichen Terme in Gleichung (3.2.1 - 7) sowie die Λ-Aufspaltung-Energien gemäß den Gleichungen (3.2.1 - 8) und (3.2.1 - 9), so erkennt man, daß die Rotationskonstanten und die Spin-Bahn-Kopplungs-Größe von der Schwingungsquantenzahl v abhängig sind. Daraus wird abgeleitet, daß alle Terme bis auf den Term $G(v)$ der Rotationsenergie des Moleküls zugeordnet werden können. Es ergibt sich damit die Aufteilung

$$E_{vib}(v) = G(v) \quad , \qquad (3.3.2\text{-}1)$$

$$\begin{aligned} E_{rot}(v,j,i) &= B_v(j+1/2)^2 + (-1)^i \sqrt{\frac{A_v}{4}(A_v - 4B_v) + B_v^2(j+1/2)^2} \\ &\quad - D_v\left[j^2(j+1)^2 - 1/2j(j+1) + \frac{13}{16}\right] \pm 1/2 E_i^{\Lambda}(v,j) \quad . \qquad (3.3.2\text{-}2) \end{aligned}$$

Diese Aufteilung der Energie in einen Anteil der Rotation und einen Anteil der Schwingung geht in die Berechnung der Zustandssumme nach Gleichung (3.3.1 - 1) und auch in die Berechnung der Linienstärken ein; hierauf wird im folgenden Kapitel eingegangen.

3.3.3 Berechnung der Linienintensität im DTM

Die im vorhergehenden Kapitel beschriebene Aufteilung der Energie in einen Anteil der Rotation und einen Anteil der Schwingung wird nun in die Berechnung der

Linienstärke eingearbeitet. Da für die Berechnung des Spektrums nicht die drucknormierte Gesamtintensität, sondern die Gesamtintensität bei gegebenen Werten von Temperatur und Druck benötigt wird, ist die Linienstärke, im Gegensatz zur Zustandssumme, von allen drei Temperaturen abhängig. Ausgegangen wird von Gleichung (3.2.3 - 1). Danach ist

$$S \;=\; S^0(T,p)\,\frac{\nu_0}{\bar{\nu}}\,(v''+1)\,e^{-W_{i''(v'',j'')}hc_0/kT}\cdot(1-e^{-hc_0\nu_0/kT})\,S^w_{(\Omega'',v'',j'')}\,\frac{F(m)}{Q(T)} \quad .$$

Die Gesamtintensität der Banden mit $\Delta v = 1$ im thermodynamischen Gleichgewicht wurde entsprechend Gleichung (3.2.3 - 2) an die Gasdichte angepaßt. Für die Berechnung der Gasdichte muß nun die Translationstemperatur T_{trans} herangezogen werden. Es ergibt sich damit für die Gesamtintensität der Banden mit $\Delta v = 1$ die Beziehung

$$S^0(T_{trans},p) \;=\; \frac{T_0\,p}{T_{trans}\,p_0}\,S^0(STP) \quad . \qquad (3.3.3\text{ - }1)$$

Die Terme in Gleichung (3.2.3 - 4) die von der Boltzmannverteilung abhängen, müssen hier in Abhängigkeit von den beiden Boltzmannverteilungen für die Rotationstemperatur und für die Schwingungstemperatur ausgedrückt werden. Der Term $W_{i''(v'',j'')}/kT$ wird durch die Beziehung

$$\frac{E_{rot}(v'',j'',i'')}{kT_{rot}} + \frac{E_{vib}(v'')}{kT_{vib}} \qquad (3.3.3\text{ - }2)$$

ersetzt. Die Wellenzahl der Linienmitte ν_0 wird aus der Beziehung

$$\nu_0 = [E_{rot}(v',j',i') - E_{rot}(v'',j'',i'')] + [E_{vib}(v') - E_{vib}(v'')] \qquad (3.3.3\text{ - }3)$$

gewonnen. In der Berechnung der Linienintensität muß die Zustandssumme als Funktion der Rotationstemperatur und der Schwingungstemperatur entsprechend Gleichung (3.3.1 - 1) verwendet werden. Die restlichen Terme in Gleichung (3.2.3 - 1) sind von der DTM nicht betroffen. Es ergibt sich damit für die Linienintensität die Beziehung

$$S(T_{trans}, T_{rot}, T_{vib}) = S^0(T_{trans}, p)\,\frac{\nu_0}{\bar{\nu}}\,(v''+1)\,e^{-hc_0\left(\frac{E_{rot}(v'',j'',i'')}{kT_{rot}}+\frac{E_{vib}(v'')}{kT_{vib}}\right)}$$
$$\cdot\left[1-e^{-hc_0\left(\frac{E_{rot}(v',j',i')-E_{rot}(v'',j'',i'')}{kT_{rot}}+\frac{E_{vib}(v')-E_{vib}(v'')}{kT_{vib}}\right)}\right]$$
$$\cdot\, S^w_{(\Omega'',v'',j'')}\,\frac{F(m)}{Q(T_{rot}, T_{vib})} \quad . \qquad (3.3.3\text{-}4)$$

Mit den Beziehungen, die für das DTM abgeleitet wurden, können jetzt NO-Linienspektren für Zustände mit Abweichungen vom thermischen Gleichgewicht berechnet werden. Anschließend an das folgende Kapitel werden Vergleiche zwischen mit dem DTM berechneten Spektren und Spektren aus der Literatur vorgestellt.

3.4 Linienbreite und Linienprofil

Bei der Absorption und Emission von elektromagnetischer Strahlung, die zu einem Übergang zwischen zwei Energieniveaus führt, ist die Frequenz der entsprechenden Spektrallinie nicht streng monochromatisch. Man beobachtet eine Frequenzverteilung $I(\nu)$ der emittierten oder absorbierten Intensität um eine Mittenfrequenz ν_0. Das Frequenzintervall $\delta\nu = |\nu_2 - \nu_1|$ zwischen den beiden Frequenzen ν_1 und ν_2, bei denen die Intensität auf die Hälfte des Maximalwertes abgesunken ist, heißt volle Halbwertsbreite (englisch **F**ull **W**idth at **H**alf **M**aximum, kurz FWHM). Oftmals wird auch die Hälfte dieses Wertes als Halbwertsbreite verwendet, was im Englischen dann als **H**alf **W**idth at **H**alf **M**aximum, kurz als HWHM, bezeichnet wird. Die Halbwertsbreite geht als Parameter in die verschiedenen Funktionen für die Profilform der Spektrallinien ein. Welche Profilform sich für eine Spektrallinie ergibt, hängt von den wirksamen Verbreiterungsmechanismen ab.

Die natürliche Linienbreite ist abhängig vom zeitlichen Verlauf des Absorptions- oder Emissionsvorganges. Da es sich nicht um eine zeitlich unbegrenzte, ungedämpfte Schwingung handelt, erhält man keine monochromatische Welle. Mittels einer Fourier-Transformation erhält man ein Intensitätsprofil, das sich als Lorentz-Profil darstellen läßt. Die volle Halbwertsbreite dieses Intensitätsprofils wird in diesem Falle als natürliche Linienbreite bezeichnet. Meist läßt sich das Lorentz-Profil der natürlichen Linienbreite nicht direkt beobachten, da es durch andere Verbreiterungseffekte, die zu wesentlich größeren Linienbreiten führen, überdeckt wird [siehe z.B. 48].

In Gasen ist die Dopplerverbreiterung bei niedrigem Druck der dominierende Mechanismus. Bewegt sich ein angeregtes Molekül mit einer Geschwindigkeit auf den Beobachter zu oder von ihm weg, so wird eine Verschiebung der Mittenfrequenz ν_0 beobachtet. Wie in Kapitel 3.4.1 gezeigt wird, führt dieser Verbreiterungsmechanismus auf ein Gauß-Profil. Die bei etwas höher liegenden Drücken dominierende Stoßverbreiterung ergibt wiederum ein Lorentz-Profil. Wird ein Molekül während des Absorptions- oder Emissionsvorganges durch ein anderes Molekül gestört, so ergibt sich eine Störung der Oszillatorschwingung und damit eine Verbreiterung der Spektrallinie.

In den folgenden Kapiteln werden die drei wichtigsten Profilformen behandelt. Betrachtet werden die Profilfunktionen sowie die Beziehungen zur Berechnung der Halbwertsbreiten. Weitere Verbreiterungsmechanismen wie die Sättigungsverbreiterung, die Flugzeit-Linienverbreiterung oder die Stark-Verbreiterung in ionisierten Gasen werden in der vorliegenden Arbeit nicht berücksichtigt.

3.4.1 Dopplerverbreiterung

Eine Reihe von Faktoren beeinflußt die Profilform der Spektrallinien, wobei der Druck im Gas einer der wichtigsten Faktoren ist. Bei geringem Druck und geringer Umgebungstemperatur sind nur wenige Teilchen pro Volumen des Raumes vorhanden, und es kommt nur verhältnismäßig selten zu Zusammenstößen. Unter dieser Voraussetzung überwiegt dann die Linienverbreiterung aufgrund der thermischen Geschwindigkeit w der Moleküle. Für den nicht relativistischen Fall mit $w \ll c_0$ gilt, daß durch die Bewegung des Moleküls mit der Geschwindigkeit w_x in Richtung des Beobachters die Mittenfrequenz ν_0 der Spektrallinie auf

$$\nu_{0_d} = \nu_0 \left(1 + \frac{w_x}{c_0}\right) \tag{3.4.1 - 1}$$

verschoben wird. Im thermodynamischen Gleichgewicht haben die Moleküle eines Gases eine Maxwellsche Geschwindigkeitsverteilung, die von der Temperatur T_{trans} abhängt. Für den Anteil der Moleküle dN/N im Geschwindigkeitsintervall zwischen w_x und $w_x + dw_x$ ergibt sich

$$\frac{dN}{N} = \sqrt{\frac{m}{2\pi k T_{trans}}}\; e^{-\frac{m w_x^2}{2kT_{trans}}}\, dw_x \quad . \tag{3.4.1 - 2}$$

Aus Gleichung (3.4.1 - 1) und Gleichung (3.4.1 - 2) erhält man eine Beziehung zwischen der Abweichung von der Linienmitte $|\nu_{0_d} - \nu_0|$ und der Anzahl der Teilchen, die sich im entsprechenden Geschwindigkeitsintervall aufhalten. Es ist

$$\frac{dN}{N} = \frac{1}{\nu_0}\sqrt{\frac{m{c_0}^2}{2\pi k T_{trans}}}\; e^{-\frac{m{c_0}^2(\nu_{0_d}-\nu_0)^2}{2kT_{trans}}}\, d\nu_{0_d} \quad . \tag{3.4.1 - 3}$$

Ein Koeffizientenvergleich mit der Gauß-Profilfunktion

$$f_G(\nu - \nu_0) = \sqrt{\frac{\ln(2)}{\pi}}\,\frac{1}{b_d}\; e^{-\ln(2)\left(\frac{\nu-\nu_0}{b_d}\right)^2} \tag{3.4.1 - 4}$$

führt auf die Doppler-Halbwertsbreite

$$b_d = \sqrt{\frac{2kT_{trans}\ln(2)}{m{c_0}^2}}\;\nu_0 \quad , \tag{3.4.1 - 5}$$

welche eine Funktion der Translationstemperatur T_{trans} und der Wellenzahl der Linienmitte ν_0 ist. In Abbildung 3.4.3 - 2 auf Seite 53 ist die Gauß-Profilfunktion dargestellt. Die so berechnete Doppler-Halbwertsbreite b_d entspricht der halben Profilbreite bei der Hälfte des Maximalwertes. Die Gauß-Profilfunktion nach Gleichung (3.4.1 - 4) ist so definiert, daß

$$\int_{-\infty}^{+\infty} f_G(\nu - \nu_0)d\nu = 1 \tag{3.4.1 - 6}$$

gilt und zwar unabhängig von der Halbwertsbreite b_d. Durch Einsetzen der Doppler-Halbwertsbreite b_d in Gleichung (3.4.1 - 3) und Multiplikation mit dem Produkt aus der Linienintensität S, dem Partialdruck der absorbierenden Komponente p_{NO} und der Länge des optischen Weges l erhält man für den Absorptionskoeffizienten $k(\nu)$ einer Doppler-verbreiterten Spektrallinie

$$k(\nu) = S\,l\,p_{NO}\sqrt{\frac{\ln(2)}{\pi}}\,\frac{1}{b_d}\; e^{-\ln(2)\left(\frac{\nu-\nu_0}{b_d}\right)^2} \quad . \tag{3.4.1 - 7}$$

Auf den Zusammenhang zwischen dem Absorptionskoeffizienten und der Abnahme der Intensität von Licht wird weiter unten eingegangen.

3.4.2 Stoßverbreiterung

Nähern sich zwei Atome oder Moleküle bei einem Stoßvorgang, so werden infolge der Wechselwirkung zwischen den Teilchen die Energieniveaus verschoben. Es ist zwischen elastischen und inelastischen Stößen zu unterscheiden. Kommt es zu einem Stoß während eines Übergangs mit Strahlung, so wird die Frequenz des emittierten oder absorbierten Lichtes durch diese Wechselwirkungen verändert. Die formelmäßige Erfassung der Linienverbreiterung durch Stöße geht auf die Elektronen-Theorie von *Lorentz* zurück [49]. Ein wichtiger Parameter ist dabei die Zeit zwischen zwei Stößen, beziehungsweise deren Kehrwert, die sogenannte Stoßfrequenz [50]. Für die Stoßfrequenz ν_s ergibt sich gemäß der Kinetischen Gastheorie die Beziehung

$$\nu_s = \frac{a_z \pi \sigma^2}{\mathcal{R}} \sqrt{\frac{2k}{m}} \frac{p_{ges}}{\sqrt{T_{trans}}} \qquad (3.4.2\text{-}1)$$

mit dem Korrekturfaktor a_z und dem Stoßdurchmesser σ. Mittels einer Fourier-Analyse der emittierten Wellenzüge erhält man als Ergebnis für das Linienprofil eine Funktion der Art

$$f_L(\nu - \nu_0) = \frac{1}{\pi} \frac{b_k}{{b_k}^2 + (\nu - \nu_0)^2} \quad . \qquad (3.4.2\text{-}2)$$

Diese Funktion, die Lorentz-Profil genannt wird, ist in Abbildung 3.4.3 - 2 auf Seite 53 dargestellt. Auch hier gilt, wie für das Gauß-Profil, daß das Integral der Funktion von $\nu = -\infty$ bis $\nu = +\infty$ den Wert eins ergibt. Von *Lorentz* wurde für die Kollisionshalbwertsbreite b_k der halbempirische Ausdruck

$$b_k = \alpha_0 \frac{p_{ges}}{p_s} \sqrt{\frac{T_s}{T_{trans}}} \qquad (3.4.2\text{-}3)$$

angegeben. Der von der Molekülart abhängige Kennwert α_0 wurde von *Abels* und *Shaw* gemessen und für den Druck $p_s = 1\,\text{atm}$ und die Temperatur $T_s = 273.14\,\text{K}$ angegeben [38]. Von *Ford* und *Shaw* wurde festgestellt, daß dieser Faktor α_0 nicht

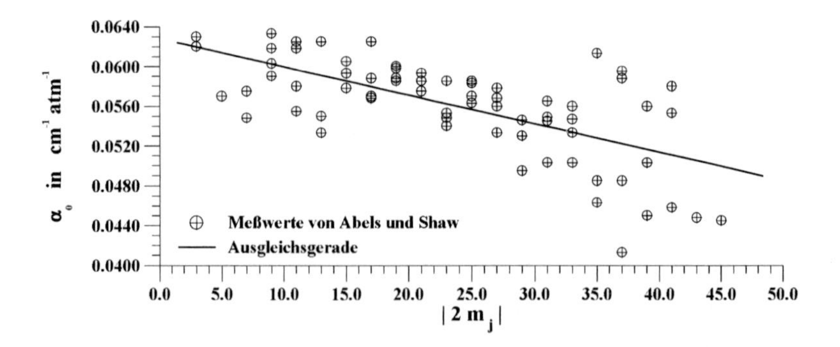

Abb. 3.4.2-1: Kennwert α_0 der Stoßverbreiterung für NO nach *Abels* und *Shaw* [38].

nur für eine reine NO-Atmosphäre, sondern auch für Mischungen von Stickstoff und NO näherungsweise verwendet werden kann [51]. In Abbildung 3.4.2-1 sind Meßwerte für α_0 über dem Betrag von m_j aufgetragen. Hierbei ist m_j abhängig von der Rotationsquantenzahl j. Bei Übergängen im P-Zweig gilt $m_j = -j$, bei Übergängen im Q-Zweig $m_j = j$ und bei Übergängen im R-Zweig $m_j = j + 1$. Aus den Meßwerten wurde für die vorliegende Arbeit die Ausgleichsgerade

$$\alpha_0(m_j) = 0.0628182 - 0.000286227 \cdot (2\, m_j) \qquad (3.4.2\text{-}4)$$

bestimmt. Durch Multiplikation der Profilfunktion nach Gleichung (3.4.2-2) mit dem Produkt aus der Linienintensität S, dem Partialdruck der absorbierenden Komponente p_{NO} und der Länge des optischen Weges l erhält man für den Absorptionskoeffizienten $k(\nu)$ einer stoß-verbreiterten Spektrallinie

$$k(\nu) = S\, l\, p_{NO}\, \frac{1}{\pi}\, \frac{b_k}{{b_k}^2 + (\nu - \nu_0)^2} \quad . \qquad (3.4.2\text{-}5)$$

Zu beachten ist, daß in der Berechnung der Kollisionshalbwertsbreite b_k der Gesamtdruck p_{ges} eingesetzt werden muß; dagegen ist bei der Berechnung des Absorptionskoeffizienten nur der Partialdruck der absorbierenden Komponente p_{NO} einzusetzen.

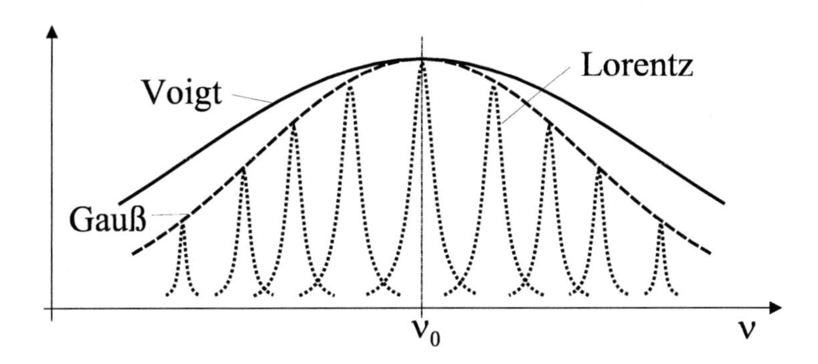

Abb. 3.4.3 - 1: Durch den Doppler-Effekt verschobene Lorentz-Profile innerhalb eines Gauß-Profils. Das Voigt-Profil ergibt sich als Einhüllende aller Lorentz-Profile.

3.4.3 Voigt-Profil

Die in den vorhergehenden Kapiteln beschriebenen Verbreiterungsmechanismen und die sich damit ergebenden Profilfunktionen gelten streng genommen nur für die Extremfälle, der reinen Dopplerverbreiterung oder der reinen Stoßverbreiterung. In weiten Bereichen tragen aber beide Effekte zur Linienbreite bei. Desweiteren zeigt eine genauere Betrachtung der Dopplerverbreiterung, daß der Doppler-Verschiebung der Linienmitte ν_{0_d} durch die endliche Lebensdauer der Wellenzüge eine Lorentz-Verteilung der Frequenz der Wellenzüge überlagert ist [48]. In Abbildung 3.4.3 - 1 ist diese Überlagerung grafisch dargestellt. Mathematisch gesehen entspricht dies einer Faltung aus Gauß- und Lorentz-Profil in der folgenden Art und Weise. Die Wellenzahl der Linienmitte ν_0 in Gleichung (3.4.2 - 2) wird durch ν_{0_d} entsprechend Gleichung (3.4.1 - 1) ersetzt. Für $\nu - \nu_0$ erhält man nun den Term

$$\nu - \nu_0 = (\nu - \nu_0) - (\nu_{0_d} - \nu_0) \quad , \qquad (3.4.3\text{-}1)$$

der in das Lorentz-Profil eingesetzt wird. Nach Multiplikation mit dem Anteil der Moleküle im Geschwindigkeitsintervall zwischen w_x und $w_x + dw_x$ entsprechend Gleichung (3.4.1 - 2) muß das Integral von $\nu_{0_d} = -\infty$ bis $\nu_{0_d} = +\infty$ gebildet werden. Aus der Faltung ergibt sich für das Voigt-Profil

$$f_V(\nu) = \frac{b_k}{\pi\nu_0}\sqrt{\frac{mc_0{}^2}{2\pi kT_{trans}}} \int\limits_{-\infty}^{+\infty} \frac{\exp\left[-\frac{mc_0{}^2(\nu_{0_d}-\nu_0)^2}{2kT_{trans}\nu_0^2}\right]}{\left[(\nu-\nu_0)-(\nu_{0_d}-\nu_0)\right]^2+b_k{}^2}\, d\nu_{0_d} \quad . \qquad (3.4.3-2)$$

Zur Berechnung eines Funktionswertes des Voigt-Profiles an der Stelle ν muß damit eine Integration über den gesamten Wellenzahlbereich durchgeführt werden. Führt man die Substitutionen

$$\begin{aligned} t &= \sqrt{\frac{mc_0{}^2}{2kT_{trans}}}\left(\frac{\nu_{0_d}-\nu_0}{\nu_0}\right) = \frac{\sqrt{\ln 2}}{b_d}(\nu_{0_d}-\nu_0) \\ y &= \frac{b_k}{\nu_0}\sqrt{\frac{mc_0{}^2}{2kT_{trans}}} = \frac{b_k}{b_d}\sqrt{\ln 2} \\ x &= \frac{\nu-\nu_0}{\nu_0}\sqrt{\frac{mc_0{}^2}{2kT_{trans}}} = \frac{\nu-\nu_0}{b_d}\sqrt{\ln 2} \end{aligned} \qquad (3.4.3-3)$$

ein, so ergibt sich für das Voigt-Profil

$$f_V(\nu) = \frac{1}{b_d}\sqrt{\frac{\ln 2}{\pi}}\frac{y}{\pi}\int\limits_{-\infty}^{+\infty}\frac{\exp(-t^2)}{y^2+(x-t)^2}\,dt \quad . \qquad (3.4.3-4)$$

Bis auf einen Vorfaktor stellt diese Gleichung die sogenannte Fehler-Funktion dar. In der Literatur wurde gezeigt, daß diese Gleichung genauer gesagt dem Realteil der komplexen Fehler-Funktion entspricht, was den Vorteil hat, daß der Imaginärteil zur Berechnung der Ableitungen herangezogen werden kann; auf diesen Punkt wird im Anhang A näher eingegangen. Von *Humlíček* wurde eine effiziente Methode zur Berechnung der komplexen Fehler-Funktion entwickelt, welche die Integration über den gesamten Wellenzahlbereich ersetzt [52].

In Abbildung 3.4.3 - 2 sind das Gauß-, das Lorentz- und das Voigt-Profil für die Halbwertsbreiten $b_d = 0.002\,\mathrm{cm}^{-1}$ und $b_k = 0.001\,\mathrm{cm}^{-1}$ dargestellt. Diese Halbwertsbreiten entsprechen Stickstoffmonoxid bei einem Druck von $p = 15\,\mathrm{mbar}$ bei der Temperatur $T = 300\,\mathrm{K}$. Diese Berechnungen wurden mit $\alpha_0 = 0.06$ durchgeführt. Für die Dopplerverbreiterung wurde die Linienmitte bei $\nu_0 = 1900\,\mathrm{cm}^{-1}$ angenommen. In Linienmitte folgt das Voigt-Profil deutlich dem Gauß-Profil, wobei an den äußeren Linienflügel der Einfluß des Lorentz-Profils auf das Voigt-Profil zu erkennen ist.

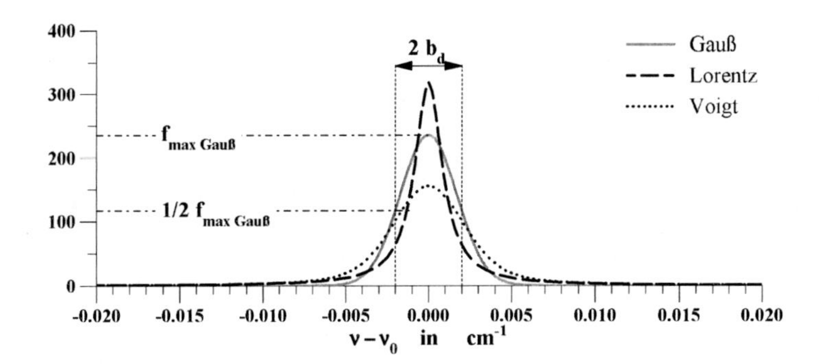

Abb. 3.4.3 - 2: Gauß-, Lorentz- und Voigt-Profilfunktion für die Doppler-Halbwertsbreite $b_d = 0.002\,\text{cm}^{-1}$ und für die Kollisions-Halbwertsbreite $b_k = 0.001\,\text{cm}^{-1}$.

Wie bei den anderen beiden Profilfunktionen ergibt die Fläche unter dem Voigt-Profil wieder den Wert eins. Den Absorptionskoeffizient $k(\nu)$ eines Voigt-Profiles erhält man durch Multiplikation der Profilfunktion mit der Linienintensität S, dem Partialdruck der absorbierenden Komponente p_{NO} und der Länge des optischen Weges l. Der Absorptionskoeffizient $k(\nu)$ des Voigt-Profiles ist damit eine Funktion des Realteils der komplexen Fehler-Funktion. Es folgt

$$k(\nu) \;=\; S\,l\,p_{NO}\;f_V(\nu) = S\,l\,p_{NO}\,\sqrt{\frac{\ln 2}{\pi}}\,\frac{1}{b_d}\;\operatorname{Re}\big(\operatorname{erf}\,(x,y)\big) \qquad (3.4.3\text{-}5)$$

mit den Parametern

$$x \;=\; \frac{\nu-\nu_0}{b_d}\sqrt{\ln 2} \quad \text{und} \quad y = \frac{b_k}{b_d}\sqrt{\ln 2} \quad .$$

Das Voigt-Profil wird in der vorliegenden Arbeit zur Berechnung von NO-Linienspektren und zur Auswertung der gemessenen Transmissionssignale des TDLAS eingesetzt.

3.4.4 Beersches Absorptionsgesetz

Da man im Experiment nur Intensitäten und keine Amplituden einfallender Strahlung messen kann, beschreibt man üblicherweise die Absorption von Licht beim Durchgang durch Materie nicht als Amplituden- sondern als Intensitätsabnahme. Läuft eine Welle mit der Intensität I in z-Richtung durch ein homogenes Medium, so wird auf der Strecke dz die Intensität

$$dI = -\alpha_\nu \, I \, dz \tag{3.4.4-1}$$

absorbiert. Dabei gibt der spezifische Absorptionskoeffizient α_ν den auf der Strecke dz absorbierten Bruchteil der Strahlung an. Die Integration von Gleichung (3.4.4-1) liefert bei konstantem α_ν das Beersche Absorptionsgesetz

$$I = I_0 \, e^{-\alpha_\nu \, z} \quad , \tag{3.4.4-2}$$

wobei I_0 die Intensität des einfallenden Lichtes ist. Die Verbindung zwischen dem Exponenten im Beerschen Absorptionsgesetz und dem Absorptionskoeffizienten $k(\nu)$, der im Zusammenhang mit den Linienprofilen behandelt wurde, gibt die Beziehung

$$\alpha_\nu \, z = k(\nu) \quad . \tag{3.4.4-3}$$

Das Verhältnis aus transmittierter Intensität I und eingestrahlter Intensität I_0 wird als Transmission $\mathcal{T}$ bezeichnet. Diese Größe hat für das Experiment den Vorteil, daß sie nicht vom Absolutwert der eingestrahlten Intensität I_0 abhängt. Damit kann das Transmissionsspektrum einer einzelnen Linie aus

$$\mathcal{T}(\nu) = \frac{I(\nu)}{I_0(\nu)} = e^{-k(\nu)} \tag{3.4.4-4}$$

für jede Wellenzahl ν berechnet werden, wenn die Parameter zur Berechnung des Absorptionskoeffizienten $k(\nu)$ bekannt sind. Der Absorptionskoeffizient ist eine Funktion der Linienform mit den dazugehörigen Halbwertsbreiten, der Linienstärke S des Übergangs, der Linienmitte ν_0, dem Partialdruck der absorbierenden Komponente

p_{NO} und der Länge des Absorptionsweges l. Bei nahe nebeneinander liegenden Spektrallinien kommt es zu einer Überlagerung der Linienprofile. Die Transmission $\mathcal{T}(\nu)$ bei der Wellenzahl ν ergibt sich dann aus dem Produkt der Transmissionen $\mathcal{T}_i(\nu)$ aller einzelnen Spektrallinien i. Es folgt

$$\begin{aligned}\mathcal{T}(\nu) &= \prod_i \mathcal{T}_i(\nu) = \prod_i e^{-k_i(\nu, p_{NO}, l, S_i, b_{di}, b_{ki}, \nu_{0i})} \\ &= e^{-\sum_i k_i(\nu, p_{NO}, l, S_i, b_{di}, b_{ki}, \nu_{0i})} \quad . \end{aligned} \qquad (3.4.4\text{-}5)$$

Durch die Summation über die Absorptionskoeffizienten aller Spektrallinien für die Wellenzahl ν erhält man damit den Anteil der transmittierten Strahlung der Wellenzahl ν.

3.5 Validierung des DTM

In den vorhergehenden Kapiteln wurden die Gleichungen zur Berechnung des NO-Linienspektrums vorgestellt. Im Rahmen der vorliegenden Arbeit wurde auf der Basis des DTM ein Programmpaket erstellt, um die im Experiment zu erwartenden Linienspektren im voraus berechnen zu können. In den folgenden Kapiteln werden Berechnungen der Linienlagen, der Linienstärken und der verschiedenen Linienprofile mit Daten aus der Literatur verglichen. Im DTM werden die in Tabelle 3.5 - 1 aufgeführten Molekülkonstanten verwendet.

3.5.1 Linienlage

Für die Identifizierung der im Experiment aufgezeichneten Spektrallinien ist es wichtig, die Lage, das heißt die Wellenzahl der Linienmitte ν_0, der Absorptionslinien zu kennen. Hierzu kann einerseits die im Experiment bestimmte Wellenzahl der Linienmitte ν_0 herangezogen werden, andererseits ist es auch hilfreich, den Abstand

Symbol	Bezeichung	Wert
R	spezifische Gaskonstante von NO	277.1433 J/(kg K)
ω_e	Eigenfrequenz des Moleküls	$1903.937\,\mathrm{cm}^{-1}$
$\omega_e x_e$	Anharmonizitätsfaktor 1. Ordnung	$13.970\,\mathrm{cm}^{-1}$
$\omega_e y_e$	Anharmonizitätsfaktor 2. Ordnung	$-0.037\,\mathrm{cm}^{-1}$
$\omega_e z_e$	Anharmonizitätsfaktor 3. Ordnung	$5.0 \cdot 10^{-5}\,\mathrm{cm}^{-1}$
A_e	Spin-Bahn-Kopplungs-Größe im Grundzustand	$123.28\,\mathrm{cm}^{-1}$
χ_e	Schwingungskorrekturfaktor für Spin-Bahn-Kopplung	$0.2560\,\mathrm{cm}^{-1}$
B_e	Rotationskonstante im Grundzustand	$1.70488\,\mathrm{cm}^{-1}$
α_e	Schwingungskorrekturfaktor für Rotationskonstante	$0.017554\,\mathrm{cm}^{-1}$
D_e	Zentrifugalkonstante im Grundzustand	$5.36 \cdot 10^{-6}\,\mathrm{cm}^{-1}$
β_e	Schwingungskorrekturfaktor für Zentrifugalkonstante	$-2.4 \cdot 10^{-8}\,\mathrm{cm}^{-1}$
p_Λ	Λ-Verdopplungs- Konstante	$5.876 \cdot 10^{-3}\,\mathrm{cm}^{-1}$
q_Λ	Λ-Verdopplungs- Konstante	$3.84 \cdot 10^{-5}\,\mathrm{cm}^{-1}$
S^0	Gesamtbandintensität	$122.0\,\mathrm{cm}^{-2}\,\mathrm{bar}^{-1}$

Tabelle 3.5 - 1: Im DTM verwendete Molekülkonstanten

zwischen zwei Linien auszuwerten. Wie später gezeigt wird, ist es mit den in dieser Arbeit verwendeten Minimonochromatoren nicht möglich, den Absolutwert der Wellenzahl der Linienmitte im Experiment exakt zu bestimmen. Jedoch ist mit Hilfe eines Germanium-Etalons eine sehr feine Wellenlängenkalibrierung innerhalb einer Messung möglich. Damit können Abstände zwischen zwei Linien und Linienbreiten sehr genau bestimmt werden.

Die Wellenzahl der Linienmitte läßt sich im DTM aus Gleichung (3.3.3 - 3) bestimmen. Da die Lage der Spektrallinien nicht vom Anregungszustand des Moleküls abhängt, ergeben sich im DTM die gleichen Werte für die Linienpositionen wie im Gleichgewichtsfall nach Gleichung (3.2.1 - 10). Von *Sobeck* [45] und von *Goldman* und *Schmidt* [27] wurden die berechneten Linienpositionen mit gemessenen Linienpositionen von *James* und *Thibault* [53], von *Keck* [54], von *James* [40] sowie von *Deutsch* [55] verglichen. Wie der Arbeit von *Sobeck* zu entnehmen ist, stimmen die

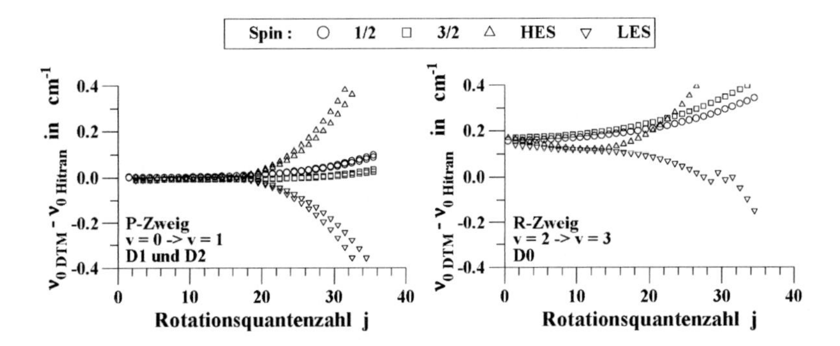

Abb. 3.5.1 - 1: Differenzen zwischen den mit dem DTM berechneten Linienmitten und der Daten aus der HITRAN-Datenbank .

mit dem Modell von *Goldman* und *Schmidt* berechneten Linienpositionen nicht exakt mit den experimentell bestimmten Linienpositionen überein. Man muß sich im klaren darüber sein, daß trotz des komplexen Modells für die Molekülenergie nicht alle Kopplungen exakt erfaßt werden. So befindet sich zum Beispiel der Grundzustand des NO-Moleküls zwischen Hund's Fall **a**) und Hund's Fall **b**) und somit ist eine exakte Berechnung der Molekülenergie mit diesem Modell nicht möglich. Exakt bedeutet in diesem Fall, daß die Linienmitte ν_0 ausgedrückt in Wellenzahlen in der Einheit cm^{-1} auf mehr als zwei Stellen hinter dem Komma genau bestimmt wird.

Für die vorliegende Arbeit war es nur wichtig die im Experiment auftretenden Spektrallinien anhand eines Katalogs zu identifizieren. Hierzu wurden mit dem DTM alle zulässigen Übergänge berechnet und nach der Wellenzahl sortiert als Datenbank abgelegt. In dem für diese Arbeit interessanten infraroten Spektralbereich zwischen $1700\,cm^{-1}$ und $2100\,cm^{-1}$ existieren über 110 000 Übergänge. Als weitere Datenbank von Spektrallinien wurde zum Vergleich die HITRAN-Datenbank herangezogen [56, 57]. Die HITRAN-Datenbank wurde von einer Vielzahl von Autoren im Jahre 1973 erstellt und bis heute immer wieder verbessert und erweitert. In der Ausgabe von 1992 sind 31 Spezies mit über 709 000 Übergängen enthalten, darunter auch NO mit seinen Isotopen. In Abbildung 3.5.1 - 1 sind die Differenzen der Linienmitten des DTM und der HITRAN-Datenbank für den P-Zweig im Schwingungsgrundzustand $v'' = 0$ und für den R-Zweig im Schwingungszustand $v'' = 2$ über

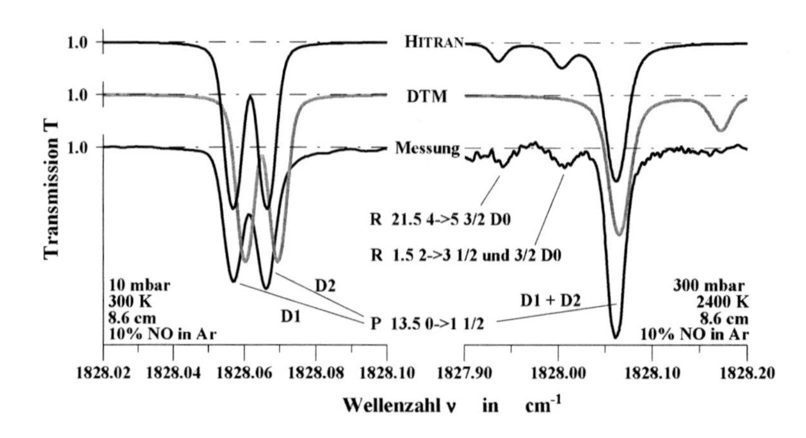

Abb. 3.5.1 - 2: Vergleich gemessener und berechneter Transmissionsprofile für zwei unterschiedliche Testgaszustände.

der Rotationsquantenzahl j dargestellt. Im Schwingungsgrundzustand ergeben sich für Rotationsquantenzahlen unter 20 vernachlässigbare Abweichungen, wobei hier die Λ-Aufspaltung der Dubletts berücksichtigt wurde. Im angeregten Zustand mit $v'' = 2$ ist die Λ-Aufspaltung so gering, daß sie in der HITRAN-Datenbank nicht aufgelöst ist. Der Vergleich der Linienmitten aus der HITRAN-Datenbank mit der Mitte der mit dem DTM berechneten Dubletts ergibt schon im Rotationsgrundzustand eine beträchtliche Abweichung.

In Abbildung 3.5.1 - 2 sind verschiedene gemessene und berechnete Transmissionssignale dargestellt. Die Messungen wurden mit dem TDLAS im Rahmen der vorliegenden Arbeit durchgeführt. Im Vergleich dazu sind mit dem DTM berechnete und mit dem MOLSPEC-Programm [58] berechnete Transmissionsprofile dargestellt. Wie das linke Teilbild zeigt, wird die Λ-Aufspaltung des P13.5 $0 \to 1$ 1/2-Übergangs von dem DTM wie von der HITRAN-Datenbank sehr gut wiedergegeben. Die Übereinstimmung zwischen den im rechten Bildteil dargestellten Transmissionssignalen der Messung und der HITRAN-Datenbank ist ebenfalls gut. Dagegen sind die R-Übergänge ausgehend von Zuständen mit $v'' = 2$ und $v'' = 4$ beim DTM beträchtlich zu größeren Wellenzahlen hin verschoben; sie bilden alle gemeinsam einen einzelnen

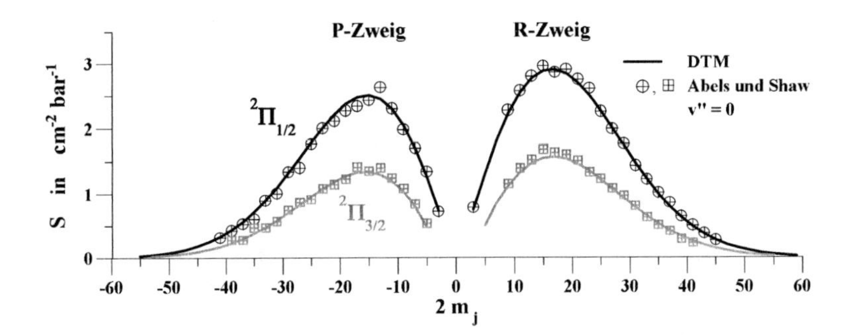

Abb. 3.5.2 - 1: Vergleich der mit dem DTM berechneten Linienstärken bei $T_{trans} = T_{rot} = T_{vib} = 300$ K mit den Messungen von *Abels* und *Shaw* [38]. Es ist $m_j = -j$ im P-Zweig und $m_j = j + 1$ im R-Zweig.

Peak. Diese Abweichungen zwischen DTM und HITRAN-Datenbank waren nach den in Abbildung 3.5.1 - 1 dargestellten Ergebnissen zu erwarten. Bei den Experimenten, die im Laufe der vorliegenden Arbeit durchgeführt wurden, hat sich gezeigt, daß die Linienpositionen der HITRAN-Datenbank in den meisten Fällen ausreichend exakt sind. Daraufhin wurde im Programm eine Kopplung der Linienstärkenberechnung mit dem DTM und der Linienposition aus der HITRAN-Datenbank vorgenommen.

3.5.2 Linienstärke

Neben der Wellenzahl der Linienmitte ν_0 ist die Linienstärke S der zweite wichtige Parameter einer Spektrallinie. Da aus der Literatur nur Informationen über Linienstärken im thermischen Gleichgewicht bekannt sind, wurden zur Überprüfung des DTM Berechnungen der Linienstärken bei $T_{trans} = T_{rot} = T_{vib}$ durchgeführt. In Abbildung 3.5.2 - 1 sind die berechneten Linienstärken des P-Zweiges und des R-Zweiges im Schwingungsgrundzustand für die Temperatur $T = 300$ K über dem Parameter $2\,m_j$ aufgetragen. Bei dieser in der Literatur üblichen Auftragung wird im P-Zweig $m_j = -j$ und im R-Zweig $m_j = j + 1$ eingesetzt. Der Vergleich mit den von *Abels* und *Shaw* [38] gemessenen Linienintensitäten zeigt eine gute Übereinstimmung.

Bei der Berechnung von Linienintensitäten für Spektrallinien in der Relaxationszone hinter Verdichtungsstößen müssen die Abweichungen vom thermischen Gleichgewicht berücksichtigt werden. Der Einfluß dieser Abweichungen vom thermischen Gleichgewicht auf die Linienintensitäten wird anhand von Abbildung 3.5.2 - 2 erläutert. In dieser Abbildung sind mit dem DTM berechnete Linienstärken für den Fall des thermischen Gleichgewichtes bei den Temperaturen $T = 300\,\mathrm{K}$ und $T = 1500\,\mathrm{K}$ dargestellt. Aufgetragen sind nur die Linien des R-Zweiges des $^2\Pi_{1/2}$-Bandes über der Rotationsquantenzahl j. Bei der Temperatur $T = 300\,\mathrm{K}$ ist nur das Schwingungsgrundniveau $v'' = 0$ nennenswert besetzt. Die Besetzungsdichte und damit auch die Linienstärken der Übergänge von angeregten Zuständen mit $v'' = 1$ sind um mehrere Größenordnungen kleiner. Im Gegensatz dazu ist das Verhältnis der Linienstärken von Übergängen mit $v'' > 0$ zu Übergängen ausgehend vom Grundzustand der Schwingung bei der Gleichgewichtstemperatur von $T = 1500\,\mathrm{K}$ deutlich kleiner. Grund hierfür ist die durch die Temperatur veränderte Boltzmannverteilung der Schwingungsenergie. Entsprechende Berechnungen wurden auch mit dem MOLSPEC-Programm durchgeführt [58]; sie zeigen eine gute Übereinstimmung. Nur unbedeutende Unterschiede wurden beim Vergleich von Rechnungen bei der Temperatur $T = 1800\,\mathrm{K}$ mit Ergebnissen von *Goldman* und *Schmidt* festgestellt [27]. Die Berechnung der Linienintensitäten unter Berücksichtigung von Abweichungen vom thermischen Gleichgewicht sind nur mit dem DTM möglich. Vergleichsdaten wurden in der Literatur nicht gefunden. Um den Einfluß dieser Abweichungen vom thermischen Gleichgewicht auf die Linienstärken zu veranschaulichen, wurde der folgende Fall betrachtet: Die Rotationstemperatur befindet sich im Gleichgewicht mit der Translationstemperatur bei $T_{rot} = T_{trans} = 1500\,\mathrm{K}$. Die Schwingung der Moleküle ist noch nicht angeregt. Damit liegt die Schwingungstemperatur noch bei $T_{vib} = 300\,\mathrm{K}$. Der Abbildung 3.5.2 - 2 ist zu entnehmen, daß in diesem Fall das Schwingungsgrundniveau $v'' = 0$ ähnliche, nur leicht erhöhte Linienstärken im Vergleich zum Gleichgewichtsfall bei $T = 1500\,\mathrm{K}$ aufweist. Vergleichbar mit den Linienstärken im Gleichgewicht bei $300\,\mathrm{K}$ sind dagegen die Linienstärken bei Abweichung vom Gleichgewicht mit $v'' > 0$. Die Linienstärken für $T_{rot} \neq T_{vib}$ unterscheiden sich damit stark von denen im Falle des Gleichgewichtes. Die gezeigten starken Abweichungen zwischen den Linienstärken im thermischen Gleichgewicht und den Linienstärken, die sich bei Berücksichtigung der Abweichungen vom thermischen Gleichgewicht ergeben, be-

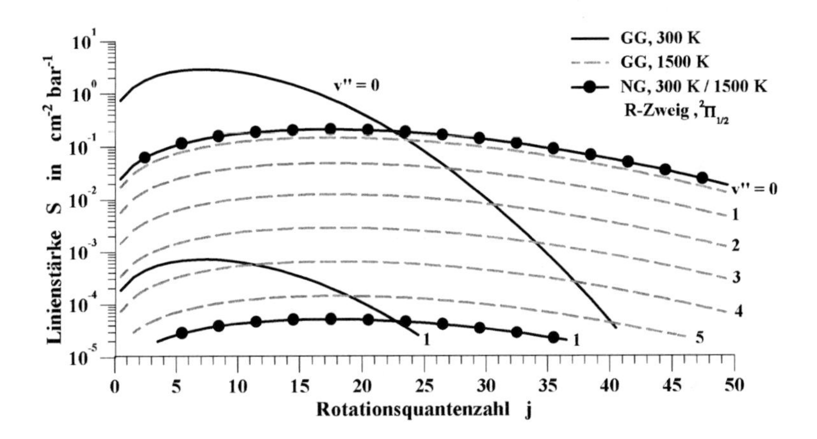

Abb. 3.5.2 - 2: Linienstärken im R-Zweig im thermischen Gleichgewicht (GG) bei den Temperaturen 300 K und 1500 K im Vergleich mit Linienstärken bei Abweichungen vom Gleichgewicht (NG) mit $T_{trans} = T_{rot} =$ 1500 K und $T_{vib} = 300$ K.

legen die Notwendigkeit der für das DTM durchgeführten Erweiterungen auf drei getrennte Temperaturen.

3.5.3 Linienprofile

Nachdem die drei verschiedenen Profilfunktionen schon in Abbildung 3.4.3 - 2 dargestellt wurden, erfolgt an dieser Stelle ein Vergleich mit dem MOLSPEC-Programm und mit Meßdaten aus der Literatur. Beim MOLSPEC-Programm ist es wie beim DTM-Programm erforderlich, die gewünschte Profilform der Spektrallinie vorzugeben. Für die Darstellungen in Abbildung 3.5.3 - 1 wurde der spektrale Absorptionskoeffizient $k(\nu)$ beim Druck $p = 40$ mbar und bei der Temperatur $T = 300$ K mit den beiden Programmen berechnet. In dem berechneten Spektralbereich sind beide Dubletts des R6.5 0→1 1/2-Übergangs zu erkennen. In diesem Druck- und Tempera-

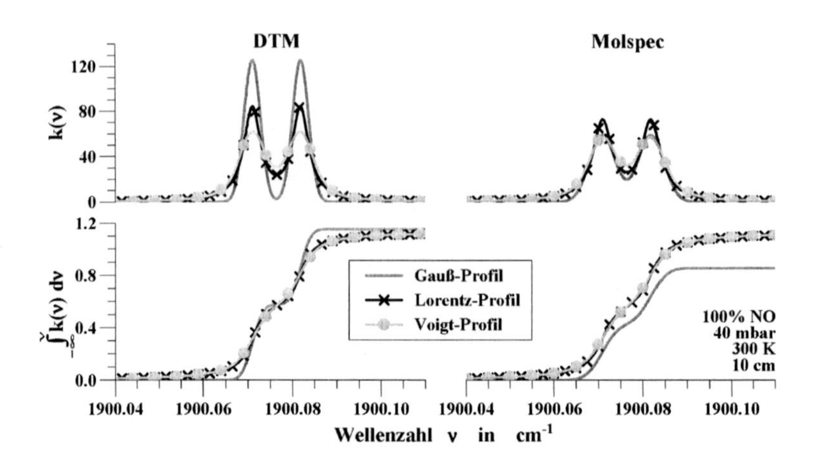

Abb. 3.5.3 - 1: Berechnete Absorptionsprofile und Integrale über $k(\nu)$ im Vergleich zwischen DTM und MOLSPEC-Programm [58].

turbereich tragen die Doppler- und Stoßverbreiterung gleichermaßen zur Linienbreite bei. Der Vergleich der in der oberen Bildhälfte von Abbildung 3.5.3 - 1 dargestellten spektralen Absorptionskoeffizienten $k(\nu)$ von DTM und MOLSPEC zeigt, daß Voigt- und Lorentz-Profil gut übereinstimmen. Dagegen zeigen die Gauß-Profile deutliche Abweichungen. Aus dem in der unteren Bildhälfte dargestellten Verlauf des Integrals $\int_{-\infty}^{\nu} k(\nu)d\nu$ folgt, daß die mit dem DTM berechneten Linienprofile entsprechend der Theorie allesamt auf nahezu den gleichen Wert für dieses Integral führen. Dagegen ergibt sich beim mit dem MOLSPEC-Programm berechneten Gauß-Profil eine deutliche Abweichung von diesem Wert. Da das Integral über den Absorptionskoeffizienten $k(\nu)$ über den gesamten Frequenzbereich gleich der Summe der Linienstärken der betrachteten Linien sein muß, folgt daraus, daß das Gauß-Profil des MOLSPEC-Programmes nicht korrekt sein kann.

Von *Hinkley* wurden Messungen auf dem oben genannten Übergang im $^2\Pi_{1/2}$-Zweig und auf dem benachbarten Übergang R6.5 0→1 3/2 veröffentlicht [59]. In Abbildung 3.5.3 - 2 ist eine Messung von *Hinkley* bei der Temperatur 300 K und dem

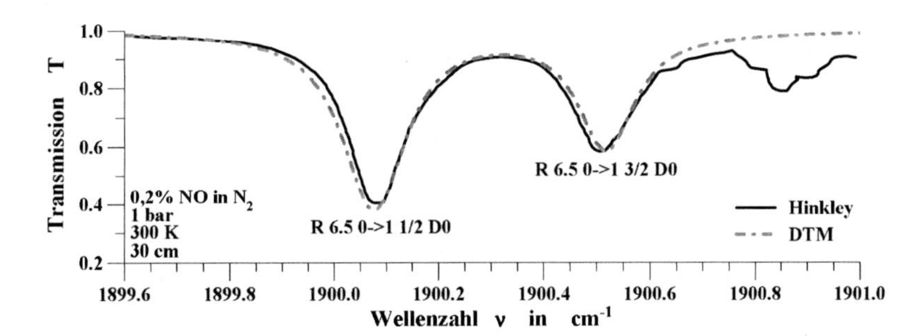

Abb. 3.5.3 - 2: Berechnetes Voigt-Profil im Vergleich mit einer Dioden-Laser-Absorptionsmessung von *Hinkley* [59].

Gesamtdruck 1 atm wiedergegeben. Der NO-Anteil beträgt 2000 ppm, die Länge des Absorptionsweges ist 30 cm. Durch die starke Stoßverbreiterung können die beiden Dubletts der beiden Übergänge nicht getrennt aufgelöst werden. Das mit dem DTM berechnete Transmissionsprofil zeigt eine gute Übereinstimmung mit der Messung von *Hinkley*.

4 IR-Diodenlaser-Absorptions-spektroskopie am Stoßrohr

In den folgenden Kapiteln wird auf die Versuchsanlage sowie auf die meßtechnische Ausstattung eingegangen. Zuerst wird dazu das **U**ltra-**H**och-**V**akuum-Stoßrohr (UHV-Stoßrohr) beschrieben, anschließend die Meßeinrichtungen, insbesondere das durchstimmbare Diodenlaser-Absorptionsspektrometer (**T**unable **D**iode**L**aser **A**bsorption **S**pectrometer, TDLAS). Ein weiteres Kapitel behandelt die Meßwertaufnahme mit dem Transientenrecorder und die Aufarbeitung der Meßdaten für die Auswertung. Abschließend wird auf die Auswertung der gemessenen Linienprofile mittels des Voigt-Profil-Fitting und auf die Bestimmung der Temperatur aus Linienverhältnissen eingegangen.

4.1 Die Stoßrohranlage

Stoßrohranlagen sind sehr gut für Untersuchungen der Relaxationszone hinter Verdichtungsstößen geeignet. Wie frühere Messungen von Relaxationszeiten der Ionisation in Luft und Argon gezeigt haben, können reproduzierbare Meßergebnisse jedoch nur in Testgasen hoher Reinheit erreicht werden [siehe z.B. 8, 28]. Fremdgase, die aktiv im jeweiligen Reaktionsablauf mitwirken, können die Relaxationszeiten bereits in geringer Konzentration merklich verändern. Die in der vorliegenden Arbeit vorgestellten Stoßrohrexperimente wurden im UHV-Stoßrohr des ITLR durchgeführt. Zur Verwirklichung der erforderlichen reinsten Versuchsbedingungen wurde das Stoßrohr bis auf Drücke im UHV-Bereich evakuiert und bei Temperaturen bis 600 K ausgeheizt. In Abbildung 4.1 - 1 ist die Anlage schematisch dargestellt. Der Niederdruckteil der Anlage, auch Laufrohr genannt, ist $12\,m$ lang und hat einen Innendurchmesser von $72\,mm$. Die Stoßrohranlage verfügt über zwei hintereinander angeordnete Meßstrecken. Die erste Meßstrecke besitzt drei Meßquerschnitte mit jeweils vier Anboh-

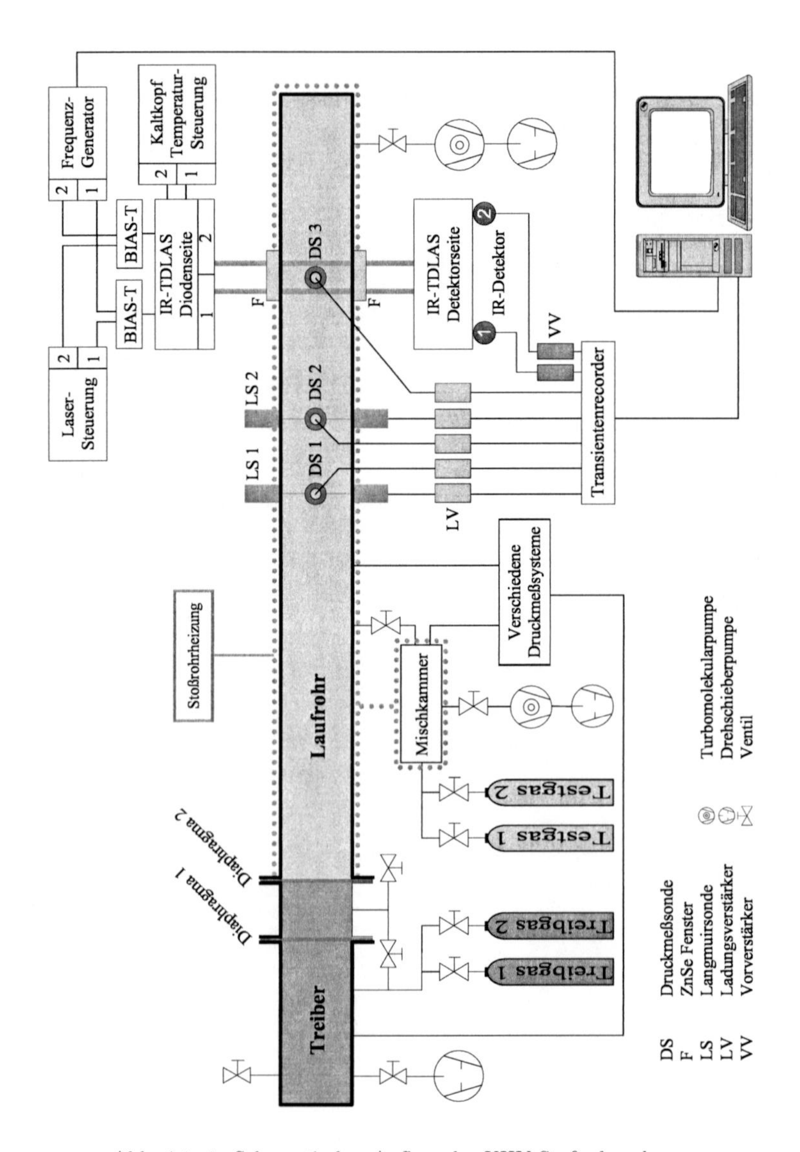

Abb. 4.1 - 1: Schematischer Aufbau der UHV-Stoßrohranlage.

rungen für Sensoren. Für die Experimente der vorliegenden Arbeit wurden im ersten und letzten Querschnitt jeweils eine piezokeramische Druckmeßsonde und zeitweise auch jeweils eine Langmuirsonde eingesetzt. Mit dieser Meßanordnung lassen sich neben Stoßmachzahl, Druckänderung und Ionenkonzentrationsverlauf auch die Geschwindigkeit des Nachlaufs des Verdichtungsstoßes bestimmen. Außerdem können aus den Signalen dieser Sensoren und den Absorptionsmessungen in der zweiten Meßstrecke die Induktionszeiten der NO-Bildung und der Ionisation bestimmt werden. Unter Induktionszeit wird hier der zeitliche Verzug verstanden, der zwischen dem Durchgang der Stoßfront und dem Einsetzen der physikalisch-chemischen Prozesse in der Strömung hinter dem Verdichtungsstoß liegt. Die zweite Meßstrecke ist mit einem durchstimmbaren IR-Diodenlaser-Absorptionsspektrometer (TDLAS) ausgerüstet; das TDLAS wird im Kapitel 4.2 genauer beschrieben. Zudem können in der zweiten Meßstrecke nochmals piezokeramische Druckmeßsonden, Dünnfilmsonden oder auch Langmuirsonden zwischen den beiden Strahlengängen des TDLAS eingebaut werden. Der Hochdruckteil, auch Treiber genannt, ist mit einem Doppeldiaphragmensystem ausgestattet; er ist von der Auslegung her auf Treibgasdrücke von maximal 100 bar begrenzt [60]. Durch den Einsatz entsprechender Diaphragmenpaarungen läßt sich jeder gewünschte Berstdruck im Bereich zwischen 30 bar und 100 bar mit einer Genauigkeit von etwa 1% einstellen. Die Treibgaszusammensetzung kann durch Zumischen einer zweiten Gaskomponente variiert werden. Damit können der Berstdruck und die Schallgeschwindigkeit des Treibgases optimal aufeinander abgestimmt werden. Der Testgasdruck im Niederdruckteil der Anlage läßt sich sehr genau auf jeden gewünschten Wert vom Grob- bis in den Feinvakuumbereich hinein einstellen. In einer Mischkammer für das Testgas können die benötigten Gasmischungen hergestellt werden. Der Anteil der geringsten realisierbaren Beimischung liegt unterhalb von 100 ppm. Die maximal erreichbaren Stoßmachzahlen in dieser Anlage liegen im Bereich von $Ms = 13$; daraus ergeben sich im Testgas direkt hinter der einfallenden Stoßfront Translations-Rotationstemperaturen von über 10 000 K. Durch entsprechende Modifikationen des Hochdruckteils lassen sich mit dieser Stoßrohranlage prinzipiell auch noch höhere Stoßmachzahlen realisieren. Eine ausführlichere Beschreibung der Stoßrohranlage mit der speziell für das TDLAS eingebauten Schwingungsdämpfung und den Ionisationsrelaxationsmessungen können der Literatur [z.B. 29] entnommen werden.

4.2 Das IR-Diodenlaser-Absorptionsspektrometer

4.2.1 Aufbau

Das durchstimmbare Infrarot-Diodenlaser-Absorptionsspektrometer wurde in Zusammenarbeit mit der Firma Aero-Laser konzipiert und aufgebaut. Eine Darstellung des schematischen Aufbaus des gesamten TDLAS mit den Steuer- und Regelungskomponenten ist in Abbildung 4.1 - 1 enthalten. Der Aufbau der optischen Meßstrecke ist in Abbildung 4.2.1 - 1 skizziert. Die Auslegung des TDLAS sieht zwei unabhängig voneinander zu betreibende Systeme vor. Somit können zwei unterschiedliche Wellenzahlbereiche gleichzeitig erfaßt werden, so daß aus den Signalen eines Versuches direkt Verhältnisse der Besetzungsdichten der Absorptionsübergänge gebildet werden können. Dieser Aufbau hat gegenüber Systemen mit nur einem Meßkanal auch noch den Vorteil, daß bei jedem, der in der Vorbereitung sehr aufwendigen Stoßrohrexperimente zwei getrennte Absorptionsmessungen durchgeführt werden können.

Die beiden IR-Laserdioden sind auf zwei getrennten Kupferzylindern montiert. Diese beiden Zylinder werden von einem gemeinsamen Helium-Kaltkopf gekühlt und dienen als Wärmesenken für die Laserdioden. Die Temperatur jeder Wärmesenke kann über die getrennten Temperaturstabilisierungen im Bereich zwischen 20 K und 100 K eingestellt werden. Der stark divergente Laserstrahl der IR-Dioden wird mittels OAP-Spiegel (**O**ff **A**xis **P**arabolic Mirror) parallelisiert und um 90 Grad umgelenkt. In die Stoßrohrwand sind bündig mit der Innenseite anti-reflex-beschichtete ZnSe-Fenster eingebaut. Um einen möglichst kleinen Strahlquerschnitt innerhalb des Stoßrohres zu erhalten, werden die Laserstrahlen auf die Stoßrohrmitte fokusiert und nach dem Austritt aus dem Stoßrohr wieder parallelisiert. Zwei Mini-Monochromatoren sind als Modenfilter eingesetzt; sie dienen zur groben Bestimmung der Wellenzahl des emittierten Laserlichtes. Eine genauere Beschreibung folgt in Kapitel 4.2.2. Als IR-Sensoren werden mit flüssigem Stickstoff gekühlte HgCdTe-Halbleiter verwendet. Eine weitere Fokusierung der Laserstrahlen ist erforderlich, da die aktive Fläche der IR-Detektoren sehr klein ist; sie beträgt nur $0.5 \times 0.5\,\mathrm{mm}^2$. Diese geringen Abmessungen sind erforderlich, um sehr kleine Anstiegszeiten der Detektoren zu erzielen; auf die davon abhängige maximale Durchstimmfrequenz des Systems wird in Kapitel 4.2.4 genauer eingegangen. Mit der in Abbildung 4.2.1 - 1

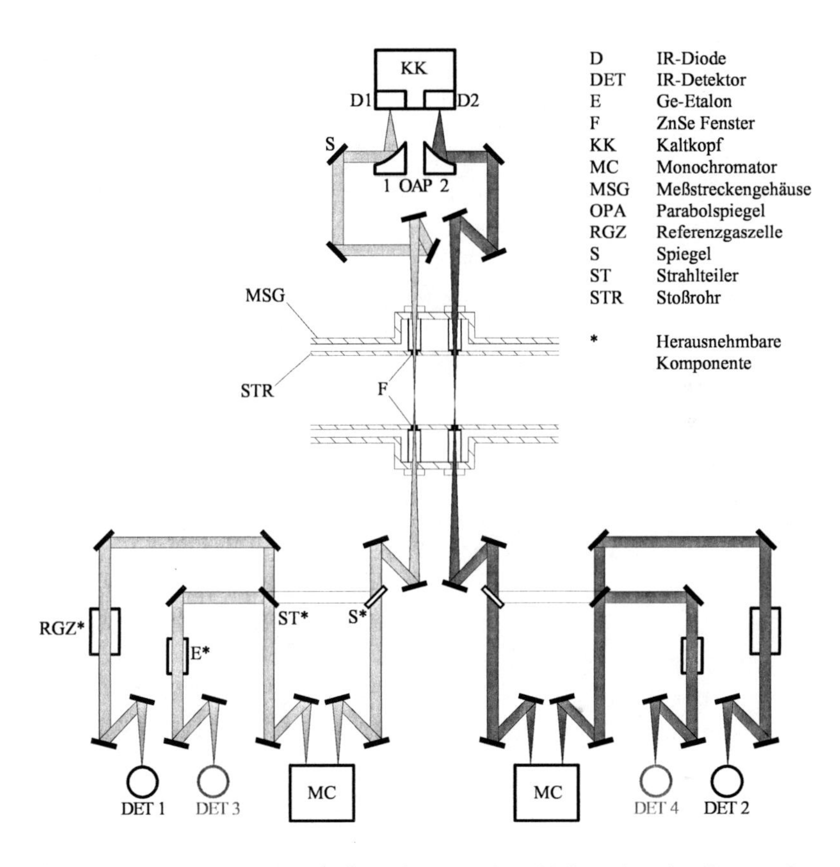

Abb. 4.2.1 - 1: Schematischer Aufbau der optischen Meßstrecken des TDLAS. Im Rahmen der vorliegenden Arbeit wurde die Anlage nur mit zwei Detektoren betrieben.

skizzierten aufwendigen Strahlführung wird erreicht, daß im Strahlengang eine Reflexion von Laserlicht zurück auf die IR-Laserdioden vermieden wird. Eine solche Rückkopplung des Laserstrahls auf die IR-Laserdioden würde das Emissionsverhalten der Laserdioden empfindlich stören. Zur Vermeidung von Rückkopplungen gehört auch, daß die ZnSe-Fenster mit einer Anti-Reflex-Beschichtung versehen werden und zusätzlich um etwa zwei Grad zum einfallenden Laserstrahl geneigt eingebaut werden. Die Anlage ist so ausgelegt, daß eine Erweiterung auf vier Detektoren, wie in Abbildung 4.2.1 - 1 dargestellt, möglich ist. Die zur Auswertung benötigten Referenzsignale können aufgrund des sehr stabilen Betriebsverhaltens des TDLAS vor dem eigentlichen Stoßrohrexperiment aufgezeichnet werden. Bei den für die vorliegende Arbeit durchgeführten Messungen wurden die mit einem * gekennzeichneten Spiegel und Strahlteiler entfernt. Für Eichmessungen wurde die Referenzgaszelle in den Strahlengang eingesetzt. Als hochauflösendes relatives Frequenzmaß wurde bei der Liniensuche das Germanium-Etalon verwendet. Im untersuchten Wellenzahlbereich gibt es eine sehr große Anzahl von Absorptionslinien von Wasserdampf. Das komplette TDLAS wurde deshalb so ausgelegt, daß es mit Stickstoff durchströmt werden kann, um störende Absorptionen des Wasserdampfes aus der Umgebungsluft zu verhindern.

4.2.2 Abstimmung der Laserdioden

Vor einer Messung muß der zu überstreichende Wellenzahlbereich für jede IR-Laserdiode eingestellt werden. Es gibt grundsätzlich zwei Möglichkeiten, die Wellenzahl des emittierten Lichtes einer IR-Laserdiode zu verändern. Diese Abstimmung kann durch Veränderung der Temperatur der gesamten Laserdiode erfolgen. Erhöht man die Temperatur der Laserdiode, so steigt die Wellenzahl des emittierten Lichtes [21]. Obwohl die Abmessungen des Halbleiterlasers sehr klein sind[1] kann eine zyklische Veränderung der Temperatur der gesamten Laserdiode nicht so schnell erfolgen, daß die in der vorliegenden Arbeit benötigte zeitliche Auflösung erreicht wird. Die zweite Möglichkeit, die Wellenzahl des emittierten Lichtes durchzustimmen, basiert auf demselben Temperatureffekt. Durch Modulation des Stromes durch die Halbleiterdiode ändert sich die Verlustleistung der Laserdiode in Phase zum modulierten Diodenstrom. In der aktiven Zone der Laserdiode kommt es damit zu sehr schnellen periodischen Temperaturänderungen, die wiederum periodische Änderungen in der Wellenzahl des emittierten Lichtes hervorrufen. Ein komplett durchlaufener Zyklus dieser periodischen Änderungen der Wellenzahl wird im folgenden als *Meßzyklus* bezeichnet. Die Wiederholfrequrenz oder Durchstimmfrequenz entspricht damit der Modulationsfrequenz des Diodenstroms.

[1] Die Abmessungen der IR-Laserdioden sind typischerweise unter $1 \times 1 \times 1\ \mathrm{mm}^3$.

In der hier verwendeten Anlage erfolgt die Abstimmung des von den Laserdioden überstrichenen Wellenzahlbereiches in verschiedenen Schritten. Die mittlere Temperatur der aktiven Zone der Laserdioden wird über die Temperatur der Wärmesenken und über den Mittelwert der Diodenströme eingestellt. Mittels der beiden getrennten Temperaturstabilisierungen für die beiden Laserdioden wird die Temperatur der Wärmesenken getrennt für jede Diode auf 0.1 K genau eingestellt und konstant gehalten. Von den beiden Lasersteuerungen der Firma Laser Photonics wird der konstante Anteil des Diodenstroms bereitgestellt und überwacht. Aus der Temperatur der Wärmesenke und dem Diodenstrom ergibt sich eine bestimmte mittlere Temperatur der Diode und damit auch eine bestimmte Wellenzahl des emittierten Laserlichtes. Die vom Hersteller des Lasers gelieferten Lasersteuerungen enthalten Modulationseinheiten für den Diodenstrom. Diese sind jedoch für die Experimente der vorliegenden Arbeit nicht ausreichend schnell. Daher werden die Diodenströme beider Laserdioden mit zwei Bias-T und zwei externen 50 MHz-Funktionsgeneratoren getrennt moduliert. Dieser Aufbau ermöglicht Durchstimmfrequenzen, bei denen ein Sägezahn mit einer Wiederholfrequenz deutlich über 1 MHz realisiert werden kann. Über die Amplitude des aufmodulierten Anteils am Diodenstrom wird die Breite des überstrichenen Wellenzahlbereiches innerhalb eines Meßzyklus eingestellt. Eine Änderung der Intensität des emittierten Laserlichtes durch die Modulation des Diodenstromes muß bei dieser Methode in Kauf genommen werden.

Eine kontinuierliche Änderung der Wellenzahl des emittierten Laserlichtes über die Temperatur der aktiven Zone einer Laserdiode ist nur in kleinen Bereichen der Wellenzahl möglich, da es immer wieder zu sogenannten Modenbrüchen kommt, bei denen sich die Wellenzahl sprunghaft ändert. Es gibt Wellenzahlbereiche, in denen die Laserdioden nur eine einzige Frequenz emittieren, also monochromatisch sind. Die Bandbreite des emittierten Laserlichtes einer solcher Mode beträgt etwa $10^{-3}\,\mathrm{cm}^{-1}$. Ebenso gibt es aber auch Bereiche, in denen zwei oder mehrere Moden gleichzeitig emittiert werden. In solchen Fällen dienen die Mini-Monochromatoren als Filter. Sie werden so eingestellt, daß nur eine Mode durchgelassen wird. Die Zusammenhänge zwischen Diodenstrom, Intensität des Laserlichtes und Änderung der Wellenzahl des emittierten Laserlichtes sind in Abbildung 4.2.2 - 1 dargestellt. Die Änderung der Wellenzahl des emittierten Laserlichtes wurde mit einem Germanium-Etalon bestimmt. Die Auswertung des Streifenabstands eines Germanium-Etalons zur hochauflösenden Wellenzahlkalibrierung wird im folgenden Kapitel beschrieben.

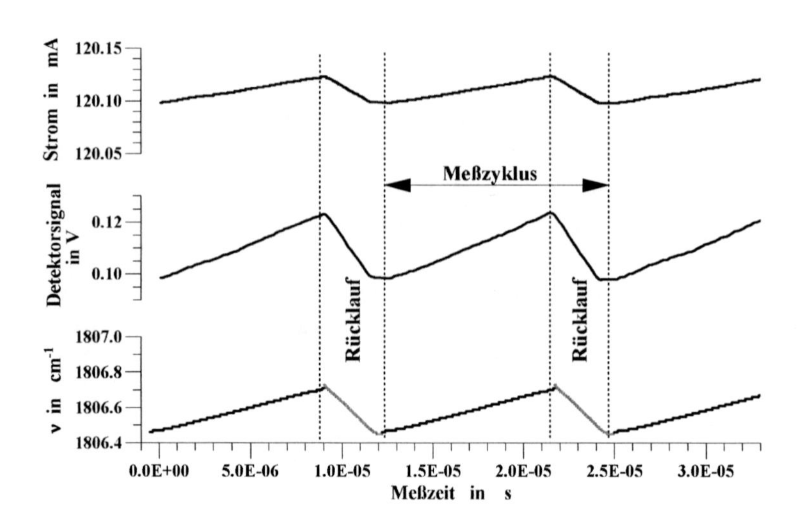

Abb. 4.2.2 - 1: Zusammenhang zwischen Diodenstrom und Intensität und Wellenzahl des emittierten Laserlichtes.

4.2.3 Wellenzahlkalibrierung

Zur hochauflösenden Wellenzahlkalibrierung wird in der vorliegenden Arbeit ein Feststoff-Germanium-Etalon verwendet. Die Transmission eines Feststoffetalons ist durch die Gleichung

$$T = \left[1 + \frac{4r}{(1-r)^2}\,\sin^2\left(\frac{2\pi n L}{\lambda}\right)\right]^{-1} \tag{4.2.3 - 1}$$

bestimmt, wobei

$$r = \left(\frac{n-1}{n+1}\right)^2 \tag{4.2.3 - 2}$$

gilt. Die Wellenlängen- und Temperaturabhängigkeit des Brechnungsindex von Germanium kann in der Form

$$\begin{aligned} n(\lambda, T) &= 3.99931 + 0.391707\,(\lambda - 0.028)^{-1} + 0.163492\,(\lambda - 0.028)^{-2} \\ &\quad -6 \cdot 10^{-6}\lambda^2 + 5.3 \cdot 10^{-8}\lambda^4 + 0.00039\,(T - 27) \end{aligned} \tag{4.2.3 - 3}$$

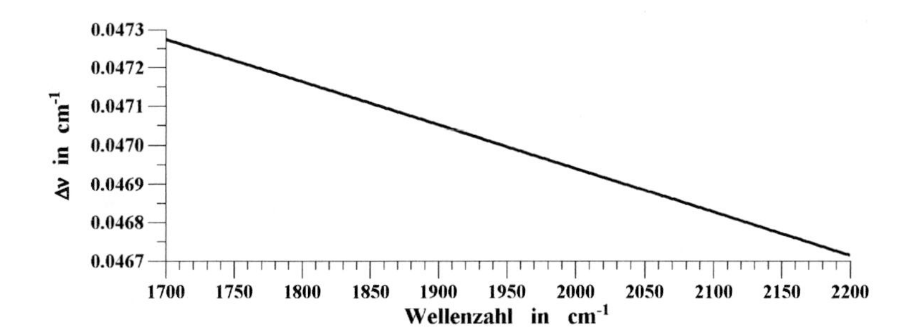

Abb. 4.2.3 - 1: Streifenabstand eines Germanium-Etalons über der Wellenzahl bei der Temperatur $T = 300\,\mathrm{K}$ für die Dicke $L_0 = 25.5\,\mathrm{mm}$.

angegeben werden [z.B. 61, 62]. In diese Gleichung müssen die Wellenlänge λ in der Einheit μm und die Temperatur in der Einheit °C eingesetzt werden. Die Dicke des Feststoffetalons aus Germanium hängt von der Temperatur ab. Es wird angenommen, daß die Beziehung

$$L(T) \;=\; L_0 + 5.7 \cdot 10^{-6}\,\frac{\mathrm{mm}}{\mathrm{K}} \cdot (T - T_0) \qquad (4.2.3\text{-}4)$$

gilt, wobei L_0 die Dicke des Etalons bei der Temperatur T_0 ist. Mit der Gleichung der Transmission des Etalons kann der Abstand zwischen zwei Maxima, der sogenannte Streifenabstand, abgeleitet werden. Unter Vernachlässigung des Vorfaktors der Sinusfunktion in Gleichung (4.2.3 - 1) und bei konstanter Temperatur ergibt sich für den Abstand zweier Maxima

$$\Delta\nu \;=\; \frac{1}{2L(T)\left[n(\lambda,T) - \lambda\dfrac{\partial n(\lambda,T)}{\partial\lambda}\right]} \;. \qquad (4.2.3\text{-}5)$$

In Abbildung 4.2.3 - 1 ist die Abhängigkeit des Streifenabstands eines Feststoff-Germanium-Etalons über der Wellenzahl dargestellt. Im Experiment wird die Wellenlänge λ des Laserlichtes grob mit dem Minimonochromator bestimmt. Danach

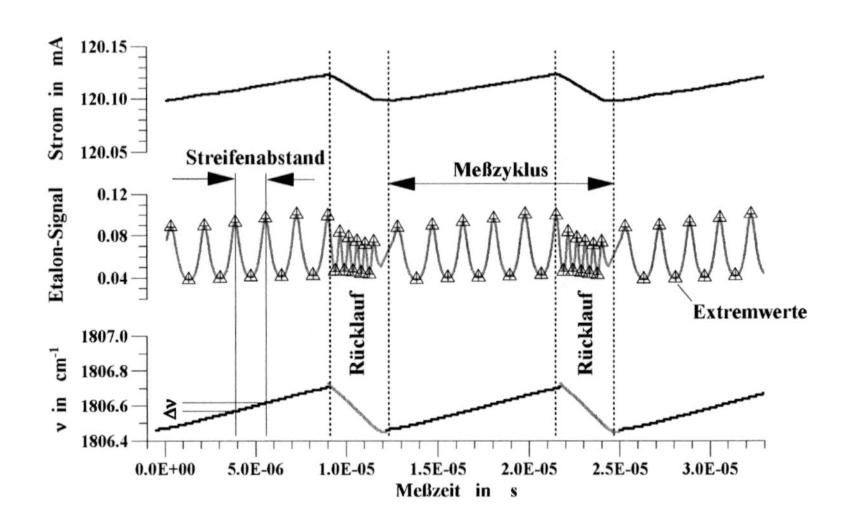

Abb. 4.2.3 - 2: Wellenzahlkalibrierung mittels des Etalon-Signals.

kann bei bekannter Dicke L_0 des Germanium-Etalons aus dem gemessenen Etalon-Signal unter Verwendung der Gleichungen (4.2.3 - 3) bis (4.2.3 - 5) eine hochgenaue Wellenzahlkalibrierung innerhalb der Meßzyklen vorgenommen werden. Hierzu werden im Etalon-Signal die Maxima bestimmt. Unter Vorgabe des Vorzeichens von $\Delta\nu$ kann die relative Wellenzahländerung durch Interpolation zwischen den Maxima sehr genau bestimmt werden. Durch Addition des mit dem Minimonochromator bestimmten Referenzwertes für die Wellenzahl, erhält man den Verlauf der Wellenzahl des emittierten Laserlichtes über der Meßzeit. In Abbildung 4.2.3 - 2 ist ein gemessenes Etalon-Signal und die damit erfolgte Wellenzahlkalibrierung mehrerer aufeinanderfolgender Meßzyklen dargestellt.

4.2.4 Meßwertaufnahme und Meßwertaufbereitung

Die Intensität des transmittierten infraroten Laserlichtes wird mittels HgCdTe-Halbleiter-Detektoren aufgenommen. Um eine hohe Empfindlichkeit im Wellenlängenbereich zwischen 5 μm und 12 μm zu erreichen, werden die Detektoren mit flüssigem Stickstoff (LN_2) gekühlt. Mit den dazugehörigen Gleichstromverstärkern liefern sie eine der Absolutintensität der einfallenden Strahlung proportionale Spannung. Bei der Auswertung ist zu beachten, daß die elektrischen Signale eine negative Polarität besitzen und daß die Detektor-Verstärker-Einheiten bei abgeschaltetem IR-Diodenlaser konstante, von Null verschiedene Spannungs-Offsets, ausgeben.

Die Bandbreite des emittierten Laserlichtes liegt unter $10^{-3}\,\mathrm{cm}^{-1}$ und ist damit sehr schmal gegenüber den Linienbreiten der untersuchten Übergänge. Bei der Auswertung kann damit auf eine Faltung des Linienprofiles des emittierten Laserlichtes mit der Profilfunktion des untersuchten Übergangs verzichtet werden. Auch kann die Empfindlichkeit der IR-Detektoren im Wellenzahlbereich, der innerhalb einer Messung durchlaufen wird, mit sehr guter Näherung als konstant angenommen werden. Eine Beeinträchtigung des gemessenen Signals durch die Spalt-Funktion des Meßsystems, wie zum Beispiel von *Park et al.* für CARS-Messungen beschrieben [63], konnte nicht festgestellt werden. Unter der Beachtung der im folgenden erläuterten Beschränkungen für den Einsatz des Systems ergibt sich, daß das durch die Detektoren aufgezeichnete Signal dem Transmissionssignal des IR-Laserstrahles mit hoher Genauigkeit entspricht.

Da die IR-Laserdioden oft zwei oder mehrere sehr schmalbandige Moden gleichzeitig emittieren, muß eine Mode mit Hilfe des Monochromators herausgefiltert werden. Der Monochromator dient nicht nur als Modenfilter, sondern auch als Filter für die IR-Emission des durch den Verdichtungsstoß aufgeheizten Gases.

Abhängig von der Anstiegszeit der Detektor-Verstärkereinheit ergibt sich die maximal mögliche Durchstimmfrequenz für das TDLAS. Eichmessungen haben gezeigt, daß die verwendeten Komponenten die Profilform der Absorptionslinien bei Durchstimmfrequenzen bis über 700 kHz ohne nennenswerte Fehler wiedergeben. Im Detail zeigt sich, daß die maximal mögliche Durchstimmfrequenz eine Funktion der Linienstärke, der Linienbreite und der Breite des durchlaufenen Wellenzahlbereiches ist. Ob die maximal mögliche Durchstimmfrequenz überschritten wird, erkennt man daran, daß die aufgezeichnete Profilform einer einzelnen Absorptionslinie nicht mehr symmetrisch zur Linienmitte ist.

Für die Aufzeichnung aller Signale wurde als zentrales Gerät ein System-Pro-Transientenrecorder der Firma NICOLET eingesetzt. Der modular aufgebaute Transientenrecorder war für die Experimente der vorliegenden Arbeit mit zwei Meßkanälen mit einer maximalen Abtastrate von 200 MHz bei der Auflösung von 8-Bit mit jeweils über 262 000 Meßpunkten ausgestattet. Zusätzlich waren noch vier Meßkanäle mit einer maximalen Abtastrate von 1 MHz bei der Auflösung von 12-Bit mit nochmals zusammen 262 000 Meßpunkten vorhanden. Zudem wurde ein Triggerboard mit der Abtastrate von 200 MHz eingesetzt. Die Signale der beiden IR-Detektoren wurden mit der Abtastrate von 200 MHz aufgezeichnet. Bei einer Durchstimmfrequenz des Tdlas von 500 kHz ergeben sich damit 400 Meßpunkte pro Meßzyklus. Der Zeitraum der pro Kanal bei der höchsten Abtastrate aufgezeichnet werden kann, beträgt 1.3 ms und ist damit länger als die im Stoßrohr zur Verfügung stehende Meßzeit. Vom Transientenrecorder erfolgt die Triggerung der einzelnen Meßkanäle mittels der Signale der Druckmeßsonden. Alle Meßkanäle verwenden dieselbe Zeitbasis. Steuerung und Darstellung der Meßdaten des Transientenrecorders erfolgt über einen PC, mit dem gleichzeitig auch die Funktionsgeneratoren angesteuert werden. Die Meßdaten des Transientenrecorders können im binären WFT-Format auf dem PC abgespeichert werden. Pro Experiment ergeben sich zusammen mit den für die Auswertung erforderlichen Referenzmessungen bis zu 5 MB binärer Meßdaten. Die bei einer Durchstimmfrequenz von 500 kHz aufgezeichneten Signale des Tdlas bestehen aus einem Meßschrieb von bis zu 500 aneinandergereihter Meßzyklen. Der Meßschrieb jedes einzelnen Meßzyklus muß separat aufgearbeitet und ausgewertet werden. Dazu wurde im Rahmen dieser Arbeit ein spezielles Computerprogramm entwickelt. Mit diesem, in der Programmiersprache C++ geschriebenen Programm ist die Verarbeitung der großen Datenmenge, die bei jedem Experiment aufgezeichnet wird, möglich. Im folgenden Kapitel wird die Auswertemethode genauer beschrieben.

4.3 Computergestützte Auswertung

Bei einem Stoßrohrexperiment werden mit dem Transientenrecorder bis zu 5 MB binärer Daten aufgezeichnet. Zur Auswertung dieser Daten wurde im Rahmen der vorliegenden Arbeit ein spezieller Algorithmus entwickelt. Zuerst erfolgt die Aufteilung der Meßschriebe in einzelnen Meßzyklen. Darauf folgt die getrennte Auswertung jedes einzelnen Meßzyklus. Das Ziel dieser ersten Schritte der Auswertung ist, das Transmissionssignal für jeden Meßzyklus getrennt zu erhalten und für jeden Zeitpunkt der Messung die von den IR-Laserdioden emittierte Wellenzahl zu bestimmen.

Zur Auswertung eines Meßschriebes des Tdlas werden vier verschiedene Signale und weitere Zusatzinformationen benötigt. Vor dem Experiment müssen drei verschiedene Signale getrennt aufgezeichnet werden. Zur Normierung des im Experiment gemessenen Intensitätsignales wird das Signal des Detektors ohne IR-Laser benötigt. Emittiert die Laserdiode mehrere Moden gleichzeitig, so muß der Monochromator als Modenfilter so eingestellt werden, daß im ersten Schritt die Intensität ohne die bei der Messung verwendete Mode aufgezeichnet wird. Dieses Signal, das der gemessenen Intensität bei Totalabsorption entspricht, wird im folgenden als $I_{I=0}^{M}$ Signal bezeichnet. Als zweites Signal wird die Gesamtintensität ohne Absorption aufgezeichnet, es wird mit I_0^M bezeichnet. Zur Wellenzahlkalibrierung mit hoher Auflösung wird das Signal mit einem Germanium-Etalon im Strahlengang aufgenommen. Da das TDLAS sehr stabil arbeitet, können diese zur Auswertung benötigten Signale kurz vor dem eigentlichen Experiment aufgezeichnet werden. Bei der Auswertung muß dann darauf geachtet werden, daß diese Signale in Phase mit der Durchstimmfrequenz des während des Experiments aufgezeichneten Meßschriebes I^M gebracht werden.

Der erste Schritt in der Auswertung besteht nun darin, daß die exakte Durchstimmfrequenz bestimmt wird und damit die aneinander gereihten Meßpunkte in einzelne Meßzyklen zusammengefaßt werden. Innerhalb jedes Meßzyklus wird dann das Etalon-Signal ausgewertet. Hierzu werden die Extremwerte bestimmt, die die Grundlage der Wellenzahlkalibrierung bilden. Diese Vorgehensweise wurde schon anhand Abbildung 4.2.3 - 2 näher erläutert. Innerhalb eines Meßzyklus wird ein Referenzpunkt zur absoluten Wellenzahlkalibrierung bestimmt; das Vorzeichen der Wellenzahländerung muß vorgegeben werden. Typischerweise wird der Referenzpunkt so gelegt, daß er genau auf der Linienmitte einer Absorptionslinie liegt und damit die Wellenzahl für diesen Zeitpunkt aus einer Datenbank von Absorptionslinien genau bekannt ist. Eine hyperbolische Interpolationsroutine wird verwendet, um damit eine hochgenaue Wellenzahlkalibrierung innerhalb der einzelnen Meßzyklen vorzunehmen. Verwendet wird hierbei die Lage des Referenzpunktes, der Streifenabstand des Etalons nach Gleichung (4.2.3 - 5) und die vorab bestimmten Extrema des Etalon-Signals.

Das im Experiment gemessene Signal der Detektoren muß normiert werden, um daraus das Transmissionssignal zu erhalten. Eine Funktion, die eine Glättung nach der Methode der gewichteten Mittelwertbildung durchführt, wird auf die beiden Referenzmessungen $I_{I=0}^{M}$ und I_0^M angewendet. Diese Glättung ist notwendig, damit das Signal-Rauschverhältnis durch die folgenden Rechenoperationen nicht verschlechtert wird. Da es sich bei diesen beiden Signalen im interessanten Teil der Meßzyklen typischerweise um nahezu geradlinige Verläufe handelt, wird das Meßergebnis durch die Glättung nicht verfälscht.

Um aus dem gemessenen Intensitätssignal die Transmission entsprechend der Gleichung (3.4.4 - 4) zu erhalten, muß der schon erläuterte Spannungs-Offset des Detektors berücksichtigt werden bevor der Quotient berechnet werden kann. Um das Digitalisierungsrauschen des Transientenrecorders zu verringern, kann im Stoßrohrexperiment der Meßkanal auf Wechselstromkopplung umgeschaltet und die Empfindlichkeit erhöht werden. Der damit unterdrückte Gleichspannungsanteil des Meßsignales muß dann zum Offset addiert werden. Die Gleichung

$$\mathcal{T}^M{}_i = \left.\frac{I^M - I^M_{I=0}}{I^M_0 - I^M_{I=0}}\right|_i \tag{4.3-1}$$

gibt die Beziehung zur Berechnung der Transmission wieder. Die Berechnung muß für jeden einzelnen Punkt i des Meßsignales durchgeführt werden. Nachdem die Wellenzahlkalibrierung und die Berechnung des Transmissionssignals für jeden Punkt innerhalb aller Meßzyklen durchgeführt wurde, kann die Auswertung der gemessenen Transmissionssignale mit dem im folgenden Kapitel beschriebene Verfahren durchgeführt werden.

4.3.1 Mehrlinien-Voigt-Profil-Fitting

Ist das Meßsignal soweit aufgearbeitet, daß die Transmission $\mathcal{T}^M$ als Funktion der Wellenzahl ν vorliegt, kann die Auswertung mit dem Mehrlinien-Voigt-Profil-Fitting fortgesetzt werden. Mit diesem Auswerteverfahren werden spektroskopische Parameter wie zum Beispiel Linienstärke, Linienbreite oder Linienlage für die untersuchten Absorptionsübergänge aus dem gemessenen Transmissionssignal bestimmt. Verschiedene Ansätze zur Bestimmung spektroskopischer Parameter aus einem Transmissionssignal mehrerer überlappender Absorptionslinien sind aus der Literatur bekannt [64-66]. Im Rahmen der vorliegenden Arbeit wurde ein Programm für das Mehrlinien-Voigt-Profil-Fitting erstellt, welches ein Gradienten-Abstiegs-Verfahren nach *Burden* und *Faires* verwendet [67]. Mit diesem Verfahren werden die Abweichungen zwischen dem gemessenen Transmissionssignal $\mathcal{T}^M$ und einem synthetisch, mit der Theorie aus Kapitel 3, berechneten Transmissionssignal $\mathcal{T}$ minimiert. Die Anzahl der Absorptionslinien im betrachteten Wellenzahlintervall ν_{Anf} bis ν_{End} muß vorgegeben werden, ferner die Startwerte für die Linienmitten ν_0 und die Linienstärken S jeder Absorptionslinie. Zusätzlich müssen Startwerte für die Translationstemperatur T_{trans}, den Gesamtdruck p_{ges}, den NO-Partialdruck p_{NO} und die Länge des Absorptionsweges vorgegeben werden.

Das Voigt-Profil einer einzelnen Absorptionslinie ist durch sechs Parameter bestimmt. Aus Gleichung (3.4.3 - 5) auf Seite 53 folgt, daß es sich hierbei um die Linienstärke S, die Linienmitte ν_0, die beiden Faktoren der Linienverbreiterung b_d und b_k, den NO-Partialdruck p_{NO} und die Länge des Absorptionsweges l handelt. Der Gesamtdruck p_{ges} und die Translationstemperatur T_{trans} sind in den Faktoren b_d und b_k enthalten. Von den genannten sechs Parametern sind die Größen b_d und b_k zwar für jede Absorptionslinie unterschiedlich, sie sind jedoch alle an die Translationstemperatur und den Gesamtdruck gekoppelt. Deshalb tritt bei der Optimierung nur eine, für alle Linien gemeinsame, Translationstemperatur und ein gemeinsamer Gesamtdruck auf. Die Fläche unter einer einzelnen Absorptionslinie ist bestimmt durch das Produkt $S \cdot l \cdot p_{NO}$. Obwohl die Länge des Absorptionsweges sowie der NO-Partialdruck für alle Linien gleich sind, bleibt dieses Produkt der drei Größen der wichtigste Parameter, der individuell für jede Absorptionslinie beim Voigt-Profil-Fitting bestimmt werden muß. Für eine beliebige Anzahl von $\mathcal{L}$ Absorptionslinien müssen damit $\mathcal{L}$ Linienmitten, $\mathcal{L}$ Werte für die Produkte $S \cdot l \cdot p_{NO}$ und aus den jeweils $\mathcal{L}$ Werten für b_d und b_k eine Translationstemperatur T_{trans} und ein Gesamtdruck p_{ges} bestimmt werden. Bei $\mathcal{L}$ Linien ergibt sich damit ein Ergebnisvektor $\vec{x}$ mit $2 \cdot \mathcal{L} + 2$ Werten.

Das Gradienten-Abstiegs-Verfahren von *Burden* und *Faires* [67] wird auf die Gütefunktion

$$G = \sum_{\substack{Punkte \\ i}} (\mathcal{T}^M{}_i - \mathcal{T}_i)^2 \qquad (4.3.1 - 1)$$

angewendet. Die Summation erfolgt über alle Meßpunkte von $i = 1$ bis $i = \mathcal{P}$, die sich innerhalb des Wellenzahlbereiches ν_{Anf} bis ν_{End} des betrachteten Meßzyklus befinden. Zu jedem Meßpunkt muß der zugehörige Wert des synthetischen Transmissionssignals $\mathcal{T}$ durch die Überlagerung aller betrachteten Absorptionslinien von

$\ell = 1$ bis $\ell = \mathcal{L}$ entsprechend Gleichung (3.4.4 - 5) auf Seite 55 berechnet werden. Das Ablaufschema des Gradienten-Abstiegs-Verfahrens ist in Abbildung 4.3.1 - 1 dargestellt. Unter Einbeziehung des Voigt-Profiles ergibt sich die Gütefunktion

$$G(\vec{x}) = \sum_{i=1}^{\mathcal{P}} G(\vec{x})_i = \sum_{i=1}^{\mathcal{P}} \left(\mathcal{T}^M{}_i - e^{-\sum_{\ell=1}^{\mathcal{L}} p_{NO}\, l\, S_\ell\, f_V(\nu_i, \nu_{0\ell}, b_{d\ell}, b_{k\ell})} \right)^2 \quad . \qquad (4.3.1\text{ - }2)$$

Mit dem Gradienten-Abstiegs-Verfahren werden optimale Werte für die einzelnen Parameter des Ergebnisvektors $\vec{x}$ bestimmt. In Schritt 3 des Verfahrens wird das totale Differential der Gütefunktion nach jedem einzelnen Parameter von $\vec{x}$ benötigt. Verwendet man die Substitution

$$\mathcal{T}^{fit}{}_i = e^{-\sum_{\ell=1}^{\mathcal{L}} p_{NO}\, l\, S_\ell\, f_V(\nu_i, \nu_{0\ell}, b_{d\ell}, b_{k\ell})} = e^{-Abs_i} \quad , \qquad (4.3.1\text{ - }3)$$

so läßt sich das totale Differential der Gütefunktion nach einem einzelnen Parameter ϵ des Ergebnisvektors $\vec{x}$ schreiben als

$$\frac{\partial}{\partial\epsilon} G(\vec{x}) = \sum_{i=1}^{\mathcal{P}} 2(\mathcal{T}^M{}_i - \mathcal{T}^{fit}{}_i)\, \frac{\partial}{\partial\epsilon}(\mathcal{T}^M{}_i - \mathcal{T}^{fit}{}_i) \quad . \qquad (4.3.1\text{ - }4)$$

Das Differential auf der rechten Seite läßt sich auflösen nach

$$\begin{aligned} \frac{\partial}{\partial\epsilon}(\mathcal{T}^M{}_i - \mathcal{T}^{fit}{}_i) &= -\frac{\partial}{\partial\epsilon}\mathcal{T}^{fit}{}_i = -\frac{\partial}{\partial\epsilon} e^{-Abs_i} = e^{-Abs_i}\, \frac{\partial}{\partial\epsilon} Abs_i \qquad (4.3.1\text{ - }5) \\ &= \mathcal{T}^{fit}{}_i\, \frac{\partial}{\partial\epsilon} Abs_i \quad , \end{aligned}$$

womit nur noch die Funktion

$$Abs_i = \sum_{\ell=1}^{\mathcal{L}} p_{NO}\, l\, S_\ell\, f_V(\nu_i, \nu_{0\ell}, b_{d\ell}, b_{k\ell}) \qquad (4.3.1\text{ - }6)$$

differenziert werden muß. Die Berechnung des totalen Differentials der Gütefunktion $\partial G(\vec{x})/\partial\epsilon$ wurde damit reduziert auf die Differentiation des Voigt-Profiles und

Schritt 1		Setze $k = 0$ (Zähler für Iterationen)
Schritt 2		Während $(k \leq N)$ Schritte 3 bis 15 ausführen
	Schritt 3	Setze $g_1 = G(x_1^{(k)}, \ldots, x_n^{(k)})$ (Gütefunktion)
		$\vec{z} = \nabla G(x_1^{(k)}, \ldots, x_n^{(k)})$ (Gradient)
		$z_0 = \|\|\vec{z}\|\|$ (Einheitsvektor in Richtung des steilsten Gradienten)
	Schritt 4	Wenn $z_0 = 0$: Horizontale Tangente
		Ausgabe des Lösungsvektors $\vec{x} = x_1^{(k)}, \ldots, x_n^{(k)}$
		STOP
	Schritt 5	Setze $\vec{z} = \vec{z}/z_0$ (Normieren)
		$\alpha_1 = 0$; $\alpha_3 = 1$
		$g_3 = G(\vec{x} - \alpha_3\, \vec{z})$
	Schritt 6	Während $(\|g_3\| \geq \|g_1\|)$ Schritte 7 und 8 ausführen
	Schritt 7	Setze $\alpha_3 = \alpha_3/2$
		$g_3 = G(\vec{x} - \alpha_3\, \vec{z})$
	Schritt 8	Wenn $\alpha_3 <$ *Abbruchkriterium* dann :
		Auf mögliches Minimum prüfen : STOP
	Schritt 9	Setze $\alpha_2 = \alpha_3/2$
		$g_2 = G(\vec{x} - \alpha_2\, \vec{z})$
	Schritt 10	Setze $h_1 = (g_2 - g_1)/(\alpha_2 - \alpha_1)$
		$h_2 = (g_3 - g_2)/(\alpha_3 - \alpha_2)$
		$h_3 = (h_2 - h_1)/(\alpha_3 - \alpha_1)$
	Schritt 11	Setze $\alpha_0 = 0.5\,(\alpha_1 + \alpha_2 - h_1/h_3)$
		(Quadratische Interpolation für $h(\alpha) = 0$)
		$g_0 = G(\vec{x} - \alpha_0\, \vec{z})$
	Schritt 12	Wähle α aus $\{\alpha_0, \alpha_1, \alpha_2, \alpha_3\}$ so daß
		$g = G(\vec{x} - \alpha\, \vec{z}) = min\{g_0, g_1, g_2, g_3\}$
	Schritt 13	Setze $\vec{x} = \vec{x} + \alpha\, \vec{z}$
	Schritt 14	Wenn $\|g - g_1\| <$ *Abbruchkriterium*
		Ausgabe des Lösungsvektors $\vec{x} = x_1^{(k)}, \ldots, x_n^{(k)}$
		STOP
	Schritt 15	Setze $k = k + 1$
Schritt 16		Maximale Iterationszahl überschritten : STOP

Abb. 4.3.1 - 1: Ablaufschema des Gradienten-Abstieg-Verfahrens.

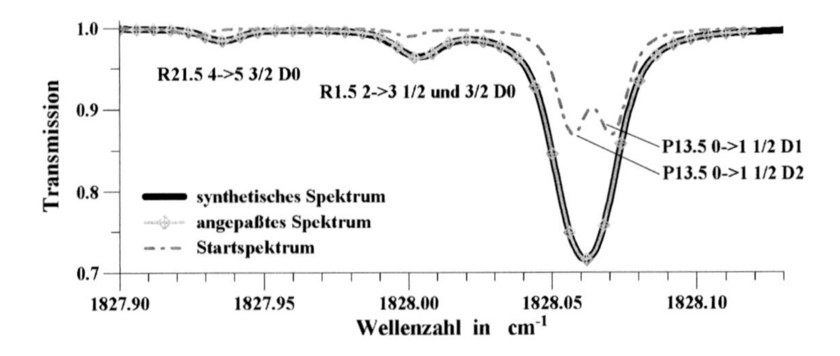

Abb. 4.3.1 - 2: Anwendung des Mehrlinien-Voigt-Profil-Fittings auf ein synthetisch berechnetes Transmissionsspektrum.

damit auf die Differentiation des Realteiles der komplexen Fehler-Funktion. Im Anhang A ist der Zusammenhang zwischen der Ableitung des Realteiles der komplexen Fehler-Funktion und dem Real- wie Imaginärteil der komplexen Fehler-Funktion dargestellt. Im Anhang B sind die für das Mehrlinienfitting benötigten Differentiale nach den einzelnen Optimierungsparametern aufgeführt. Als Optimierungsparameter sind möglich die Linienmitten $\nu_{0\ell}$ aller Linien, die Dopplerverbreiterung $b_{d\ell}$ und die Druckverbreiterung $b_{k\ell}$ jeder Linie sowie das Produkt $S{\cdot}l{\cdot}p_{NO}|_\ell$. Durch die Zusammenfassung der drei Größen p_{NO}, l und S_ℓ zu einem Parameter wird erreicht, daß alle Optimierungsparameter dieselbe Einheit besitzen, was für die Berechnung eines Gradientenvektors erforderlich ist. In einem zusätzlichen Schritt des Verfahrens werden aus den Faktoren der Dopplerverbreiterung nach jeder Iteration eine gemeinsame Translationstemperatur T_{trans} und aus den Faktoren der Druckverbreiterung ein Gesamtdruck p_{ges} bestimmt. Durch Verwendung eines zusätzlichen Steuerparameters im Mehrlinien-Voigt-Profil-Fitting können einzelne der oben genannten Optimierungsparameter durch Nullsetzen des zugehörigen Gradienten im Schritt 3 des Algorithmus konstant auf dem vorgegebenen Wert gehalten werden.

Als Resultat des Mehrlinien-Voigt-Profil-Fittings wird der Ergebnisvektor mit allen Optimierungsparametern in Abhängigkeit von der mittleren Meßzeit jedes einzelnen Meßzyklus vom Programm ausgegeben.

An dieser Stelle wird das Mehrlinien-Voigt-Profil-Fitting anhand zweier Beispiele

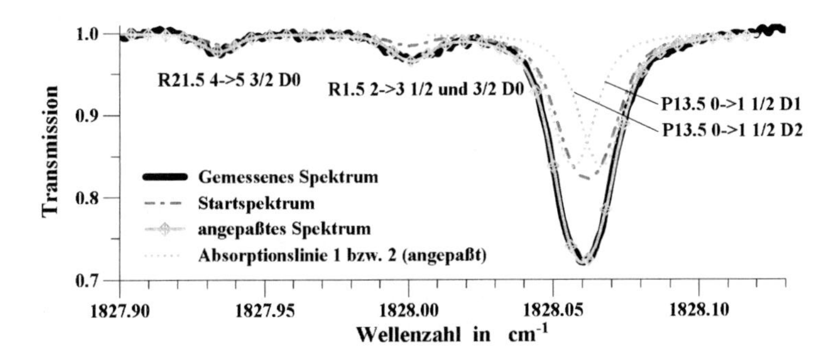

Abb. 4.3.1 - 3: Anwendung des Mehrlinien-Voigt-Profil-Fittings auf ein gemessenes Transmissionsspektrum.

erläutert. In beiden Fällen ist das untersuchte Gas im thermischen Gleichgewicht bei der Temperatur 1997 K. Der Gesamtdruck beträgt 200 mbar, die Gasmischung besteht aus 10% NO in Argon[2], die Länge des Absorptionsweges ist 72 mm. Im ersten Beispiel wurde der Algorithmus auf ein berechnetes Spektrum angewendet. In Abbildung 4.3.1 - 2 sind das synthetische Spektrum, das vorgegebene Spektrum sowie das Ergebnis der Berechnung dargestellt. Die Parameter für das Start-Spektrum wurden absichtlich so gewählt, daß Linienlagen, Linienstärken sowie Linienbreiten nicht mit dem vorgegebenen Transmissionsspektrum übereinstimmen. Die mit dem Mehrlinien-Voigt-Profil-Fitting berechneten Parameter stimmen bei der Linienlage auf $10^{-4}\,\mathrm{cm}^{-1}$ genau mit den Vorgaben des synthetischen Spektrums überein. Das Produkt aus Linienstärke S, NO-Partialdruck p_{NO} und Länge des Absorptionsweges l wird ebenfalls auf $10^{-4}\,\mathrm{cm}^{-1}$ genau bestimmt. Bei den Parametern, die nur durch die Linienbreite oder die Linienform bestimmt sind, ergeben sich dagegen deutlichere Abweichungen. Für die Translationstemperatur T_{trans} wird der Wert 1956 K bestimmt, richtig wäre der Wert 1997 K. Für den Gesamtdruck p_{ges} wird der Wert 206 mbar berechnet, vorgegeben waren 200 mbar. Da diese beiden Parameter nur die Linienform bestimmen und nicht die Fläche unter der Kurve, wird der wichtigste Parameter, das Produkt $S{\cdot}l{\cdot}p_{NO}$, durch die Abweichungen bei der Translationstemperatur und dem Gesamtdruck nicht beeinflußt. Sind Translationstemperatur oder

[2]Prozentangaben von Gemischkomponenten bezeichnen Volumenprozente.

Gesamtdruck bekannt, so können sie während der Optimierung konstant auf dem vorgegebenen Wert gehalten werden; dadurch wird das Berechnungsverfahren deutlich beschleunigt.

Als zweites Beispiel wurde der Algorithmus auf ein gemessenes Transmissionsspektrum angewendet. Der Gaszustand entspricht dem im Beispiel 1. Wie der Abbildung 4.3.1 - 3 zu entnehmen ist, werden auch in diesem Falle die Abweichungen zwischen dem Meßsignal und dem angepaßten Profil sehr gut minimiert. Auch in diesem Falle konnten alle Parameter mit ähnlich kleinen Abweichungen wie im vorhergehenden Beispiel bestimmt werden. In Abbildung 4.3.1 - 3 sind zusätzlich die Transmissionsprofile der beiden Linien des Übergangs P13.5 0→1 1/2 einzeln dargestellt. Sie wurden für die Parameter berechnet, die im Mehrlinien-Voigt-Profil-Fitting bestimmt wurden.

Mit dem in diesem Kapitel vorgestellten Verfahren können die verschiedenen spektroskopischen Parameter von einzelnen oder auch von mehreren sich überlappenden Spektrallinien mit guter Genauigkeit aus einem Transmissionsspektrum bestimmt werden. Der wichtigste Parameter dabei ist das Produkt $S \cdot l \cdot p_{NO}$. Dieses Produkt beinhaltet noch zwei Größen, die sich im Experiment unabhängig voneinander einstellen können. Wie dieses Produkt zu weiteren Auswertungen herangezogen werden kann, ist Thema des nächsten Kapitels.

4.3.2 Verhältnis von Linienintensitäten

Im letzten Schritt der computergestützten Auswertung der gemessenen Intensitätssignale werden die mit dem Mehrlinien-Voigt-Profil-Fitting bestimmten Werte für das Produkt $S \cdot l \cdot p_{NO}$ weiter behandelt. Bildet man für zwei unterschiedliche Übergänge den Quotient

$$Lv_{1,2} = \frac{(S \cdot l \cdot p_{NO})_1}{(S \cdot l \cdot p_{NO})_2} = \frac{S_1}{S_2} \quad , \qquad (4.3.2\text{ - }1)$$

so fällt die Abhängigkeit vom optischen Weg l und vom NO-Partialdruck p_{NO} heraus. Das Verhältnis der Linienintensitäten $Lv_{1,2}$ entspricht dem Verhältnis der Besetzungsdichten der betrachteten Übergänge; es ist somit nur noch von den beiden Temperaturen T_{rot} und T_{vib} abhängig. In Abbildung 4.3.2 - 1 sind die Linienintensitäten der Absorptionslinien, die in den Beispielen im vorhergehenden Kapitel

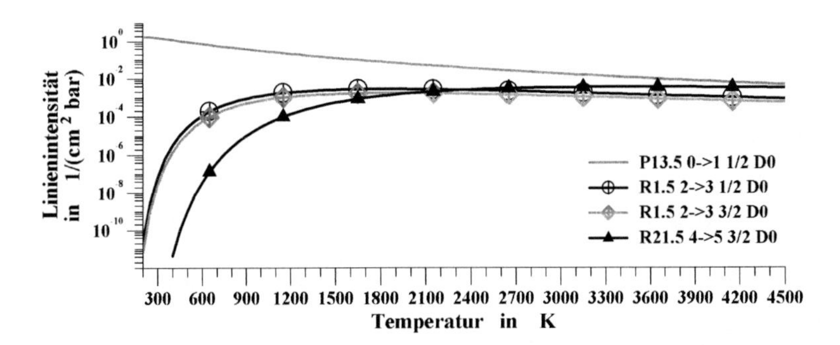

Abb. 4.3.2 - 1: Linienintensitäten über der Temperatur im thermischen Gleichgewicht.

schon verwendet wurden, über der Temperatur im thermischen Gleichgewicht dargestellt. Da die Übergänge R1.5 2→3 3/2 und R1.5 2→3 1/2 so nahe beieinander liegen, daß sie nicht getrennt aufgelöst werden können, werden sie im weiteren wie ein einziger Übergang behandelt; ihre Linienintensitäten werden addiert. In Abbildung 4.3.2 - 2 ist die Temperatur im thermischen Gleichgewicht über dem Verhältnis der Linienintensitäten dieser Übergänge dargestellt. Die Verhältnisse der Linienintensitäten, berechnet mit den Ergebnissen aus dem zweiten Beispiel des vorherge-

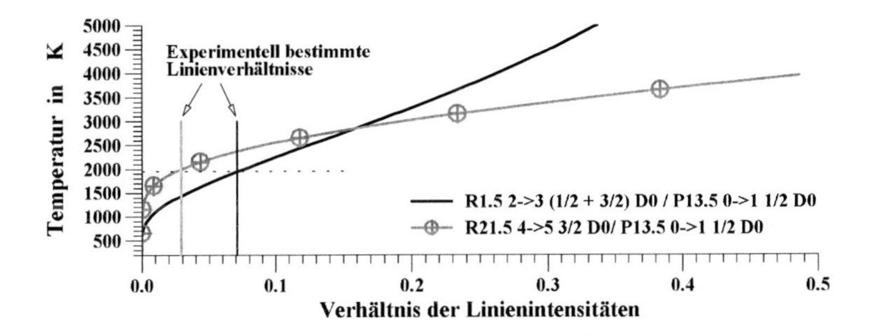

Abb. 4.3.2 - 2: Verhältnis von Linienintensitäten im thermischen Gleichgewicht.

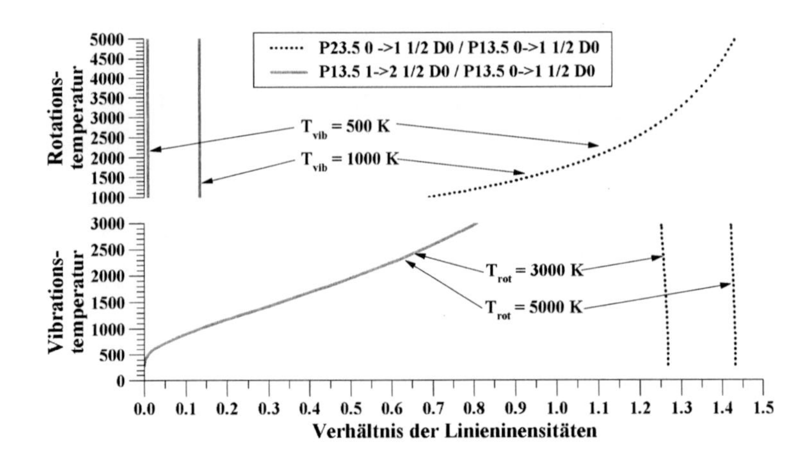

Abb. 4.3.2 - 3: Verhältnis von Linienintensitäten bei Abweichungen vom thermischen Gleichgewicht. Eingezeichnet sind Linien konstanter Schwingungs- oder Rotationstemperatur.

henden Kapitels, wurden in dieser Abbildung ebenfalls dargestellt. Damit kann die Gleichgewichtstemperatur im Gas ermittelt werden.

Berücksichtigt man Abweichungen vom thermischen Gleichgewicht, so erhält man statt den in Abbildung 4.3.2 - 2 dargestellten Funktionen $Lv(T)$ zweiparametrige Funktionen $Lv(T_{rot},T_{vib})$, die von der Rotationstemperatur und von der Schwingungstemperatur abhängig sind. Die Zuordnung zwischen Werten der Verhältnisse von Linienintensitäten und der Rotations- und Schwingungstemperatur ist damit im allgemeinen nicht mehr eindeutig. Wenn bei Abweichungen vom thermischen Gleichgewicht von einer separaten Boltzmannverteilung für die Freiheitsgrade der Rotation und für die der Schwingung ausgegangen wird, kann durch geschickte Auswahl der Absorptionsübergänge dennoch eine Aussage über die Temperaturen gewonnen werden. Verwendet man zwei Absorptionslinien, die unterschiedliche Rotationsquantenzahlen aber gleiche Schwingungsquantenzahlen besitzen, so ergibt sich für das Verhältnis der Linienintensitäten

$$Lv_{1,2} = \frac{S(j_1, v)}{S(j_2, v)} \quad . \tag{4.3.2 - 2}$$

Wie in Abbildung 4.3.2 - 3 ersichtlich, ist dieses Linienverhältnis sehr stark von der Rotationstemperatur aber nur sehr schwach von der Schwingungstemperatur abhängig. Im umgekehrten Fall, bei gleichen Rotationsquantenzahlen aber unterschiedlichen Schwingungsquantenzahlen, ergibt sich das Verhältnis der Linienintensitäten

$$Lv_{1,2} = \frac{S(j, v_1)}{S(j, v_2)} \quad , \tag{4.3.2-3}$$

welches unabhängig von der Rotationstemperatur ist, jedoch stark von der Schwingungstemperatur abhängt. Durch Vergleich der aus den gemessenen Linienprofilen bestimmten Linienverhältnissen kann somit bei geschickter Wahl der Übergänge auch unter Berücksichtigung von Abweichungen vom thermischen Gleichgewicht auf die Temperatur des Gases geschlossen werden.

5 Ergebnisse

Im vorliegenden Kapitel sind die Ergebnisse der durchgeführten Experimente zusammengestellt. Zunächst wird anhand von Eichmessungen, die ohne Verdichtungsstoß bei Drücken im Bereich von einigen Milibar und bei Umgebungstemperatur durchgeführt wurden, die Funktion des TDLAS und der computergestützten Auswertung dargelegt. Anschließend werden die Experimente, die im Argon-Wärmebad durchgeführt wurden, vorgestellt. Mit den Ergebnissen dieser Experimente wird gezeigt, daß das TDLAS auch für Messungen hinter dem einfallenden Verdichtungsstoß eingesetzt werden kann. Schließlich wird die Untersuchung der Relaxationszone in Luft beschrieben, welche das Hauptziel der vorliegenden Arbeit war.

5.1 Überprüfung des Meßverfahrens bei Umgebungstemperatur

Zur Überprüfung des Meßverfahrens wurden zunächst verschiedene Messungen im Stoßrohr ohne Verdichtungsstoß durchgeführt. Als Testgase[1] wurden reines Stickstoffmonoxid, Mischungen von Stickstoffmonoxid mit Argon oder mit synthetischer Luft verwendet. Vergleiche von experimentell bestimmten Transmissionssignalen für reines NO bei 0.4 mbar und bei 5 mbar mit berechneten Transmissionssignalen des DTM-Programms und des MOLSPEC-Programms ergeben sehr gute Übereinstimmungen. In Abbildung 5.1 - 1 sind Messungen und Berechnungen der Absorptionslinien R13.5 0→1 1/2 D1 und R13.5 0→1 1/2 D2 für die oben genannten Bedingungen

[1] Die Gase wurden von den Firmen Messer Griesheim und AGA bezogen. Stickstoffmonoxid in der Qualität 3.0, synthetische Luft in der Mischung 80% N_2 + 20% O_2 frei von Kohlenwasserstoffen in der Qualität 5.0 und Argon in der Qualität 6.0 .

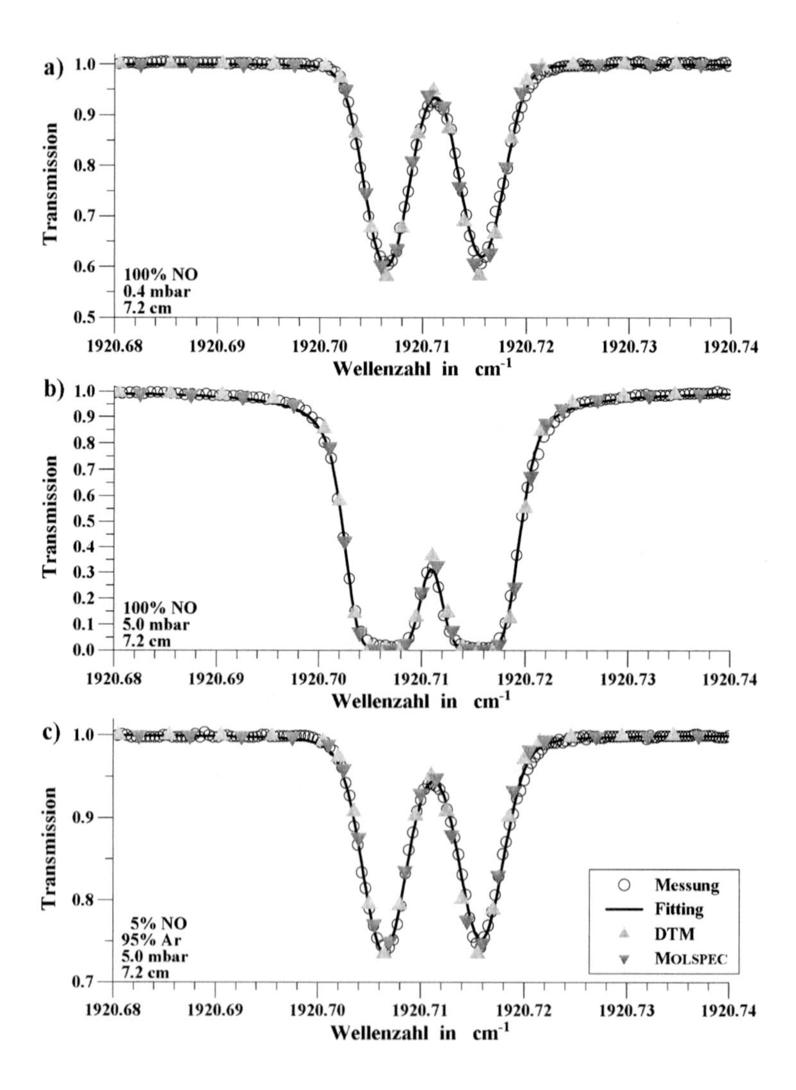

Abb. 5.1 - 1: TDLAS-Messungen bei Umgebungstemperatur und die mit dem Voigt-Profil-Fitting bestimmten Transmissionsspektren im Vergleich mit verschiedenen berechneten Transmissionsspektren.

Gasmischnung	Druck in mbar	$S \cdot l \cdot p_{NO}$ in 10^{-3} cm^{-1}					
		Messung		DTM		MOLSPEC	
		D1	D2	D1	D2	D1	D2
100% NO	0.4	2.5638	2.5837	2.5180	2.5199	2.4410	2.4464
100% NO	5.0	35.69	35.76	31.47	31.50	30.4862	30.5789
5% NO in Ar	5.0	1.6098	1.6587	1.5738	1.5750	1.5245	1.5290

Tabelle 5.1 - 1: Aus TDLAS-Messungen und Rechenprogrammen bestimmte Werte für das Produkt $S \cdot l \cdot p_{NO}$, für die Λ-Aufspaltung-Terme D1 und D2 des Übergangs R13.5 0→1 1/2. Die Länge des optischen Weges beträgt $l = 7.2$ cm.

dargestellt. Vergleiche der berechneten Transmissionsspektren mit den experimentell bestimmten Transmissionsspektren für eine Mischung mit fünf Volumenprozent NO in Argon ergaben kaum Abweichungen. In Abbildung 5.1 - 1 c) ist dafür ein Beispiel bei dem Gesamtdruck 5 mbar dargestellt. Bei der Mischung[2] von NO mit synthetischer Luft kommt es schon in der Mischkammer zu chemischen Reaktionen, die die Gemischzusammensetzung deutlich verändern. Damit sind diese Mischungen nicht für Referenzmessungen geeignet. Für die in Abbildung 5.1 - 1 dargestellten Messungen wurden nicht nur die Verläufe des Transmissionssignales qualitativ verglichen, sondern auch die Werte des Produktes aus Linienintensität, Länge des optischen Weges und NO-Partialdruck. Diese Ergebnisse sind in der Tabelle 5.1 - 1 zusammengestellt. Daraus geht hervor, daß die Übereinstimmung der Ergebnisse des verwendeten Meßverfahrens bei Umgebungstemperatur mit den Ergebnissen der beiden Rechenprogramme gut ist. Aus den Ergebnissen dieser Messungen, die bei sehr genau bekannten Gaszuständen ohne Verdichtungsstöße durchgeführt wurden, kann entnommen werden, daß das im Rahmen der vorliegenden Arbeit aufgebaute TDLAS in Verbindung mit der entwickelten Auswertetechnik gute Ergebnisse liefert. Im folgenden Kapitel wird gezeigt, daß das TDLAS auch für Messungen hinter Verdichtungsstößen eingesetzt werden kann.

[2]Prozentangaben bei Gasmischungen bedeuten Volumenprozente.

5.2 Messungen im Argon-Wärmebad

Eine bei Stoßrohrexperimenten vielfach angewendete Methode ist die Untersuchung von Reaktionen im Wärmebad. Dabei besteht das Testgas aus einer Mischung aus einem chemisch inerten Gas und dem zu untersuchenden Gas. Als inertes Gas eignet sich besonders Argon, da es auch noch bei Temperaturen von einigen tausend Kelvin verwendet werden kann. Mischt man dazu in geringer Konzentration das zu untersuchende Gas, so ergibt sich wegen der hohen Wärmekapazität des inerten Gases hinter dem Verdichtungsstoß eine nahezu konstante Temperatur. Damit wird eine nennenswerte Temperaturänderung des durch den Verdichtungsstoß aufgeheizten Gases durch Anregung der inneren Freiheitsgrade oder durch chemische Reaktionen des zu untersuchenden Gases verhindert. Im Rahmen der vorliegenden Arbeit wurden derartige Experimente mit NO im Argon-Wärmebad durchgeführt. Die Zustände hinter dem Verdichtungsstoß können für diese Art von Experimenten sehr gut mit numerischen Simulationen vorausberechnet werden. In der vorliegenden Arbeit wurden die Experimente mit NO im Argon-Wärmebad durchgeführt, um das TDLAS bei Messungen hinter dem Verdichtungsstoß bei genau bekannten Bedingungen zu überprüfen. Derartige Untersuchungen wurden auch durchgeführt, um den Einfluß der Schwingungen des Stoßrohrs während der Experimente auf die Signale des TDLAS zu prüfen. Weiter mußte nachgewiesen werden, daß der Drucksprung über die Stoßfront die im Stoßrohr eingebauten Fenster nicht zu störenden Schwingungen anregt. Numerische Simulationen ergaben, daß sich für eine Mischung von 10% NO in Argon bei dem Testgasdruck $p_1 = 10\,\text{mbar}$ für die Stoßmachzahl $Ms = 5$ nach Abschluß der Relaxationsvorgänge das Gleichgewicht mit der Temperatur $T_2 = 2328\,\text{K}$ und dem Druck $p_2 = 237\,\text{mbar}$ einstellt. Weiter ergibt sich, daß in diesem Zustand die Gaszusammensetzung nicht maßgeblich verändert ist. Bei diesen Bedingungen wurden mit dem TDLAS Messungen auf verschiedenen Absorptionsübergängen durchgeführt. In Abbildung 5.2 - 1 sind Messungen von sechs verschiedenen Absorptionslinien über der Laborzeit dargestellt. Die Linien am Ende der Diagramme entsprechen den mit dem DTM für das thermodynamische Gleichgewicht berechneten Werten für das Produkt $S{\cdot}l{\cdot}p_{NO}$. Für die Absorptionslinien, die vom Grundniveau der Schwingung mit $v'' = 0$ ausgehen, können schon vor Eintreffen der Stoßfront deutliche Linienprofile aufgezeichnet werden. Für den Übergang R15.5 0→1 3/2 D0 ist in Abbildung 5.2 - 2 der letzte Meßzyklus vor Eintreffen des Verdichtungsstoßes dargestellt.

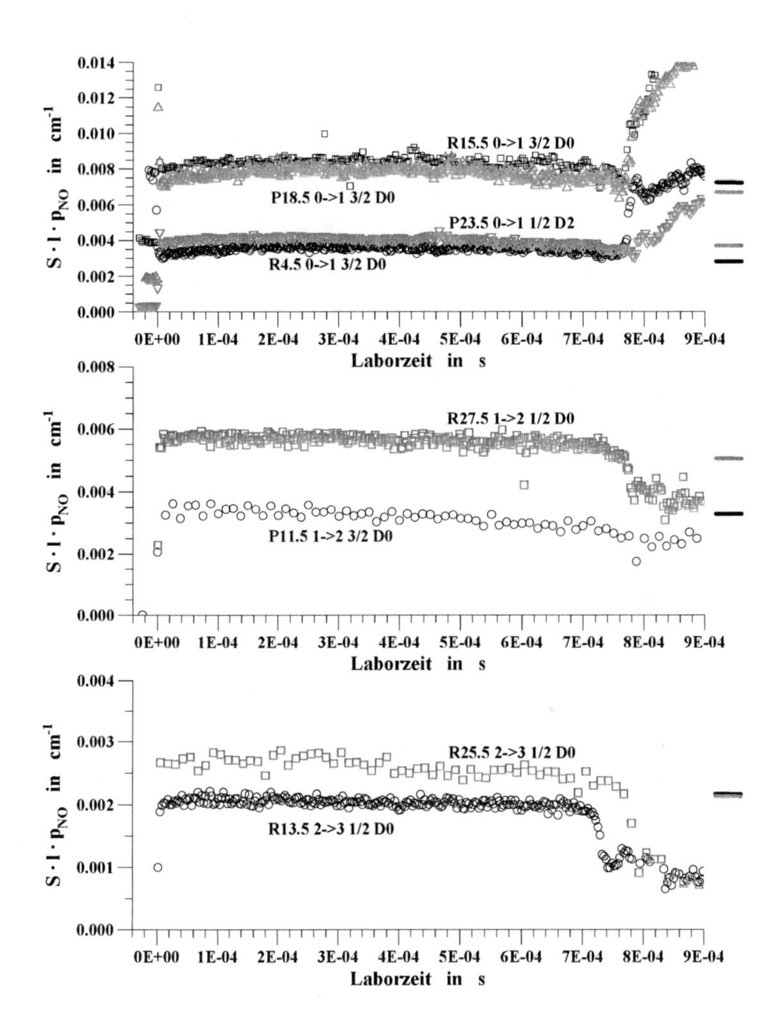

Abb. 5.2-1: Experimentell bestimmte Werte für das Produkt $S{\cdot}l{\cdot}p_{NO}$ verschiedener Absorptionsübergänge von NO über der Laborzeit. Die Linien am Ende der Diagramme entsprechen den mit dem DTM berechneten Werten. Das Testgas besteht aus 10% NO in Argon bei $p_1 = 5\,\text{mbar}$; die Stoßmachzahl ist $Ms = 5$.

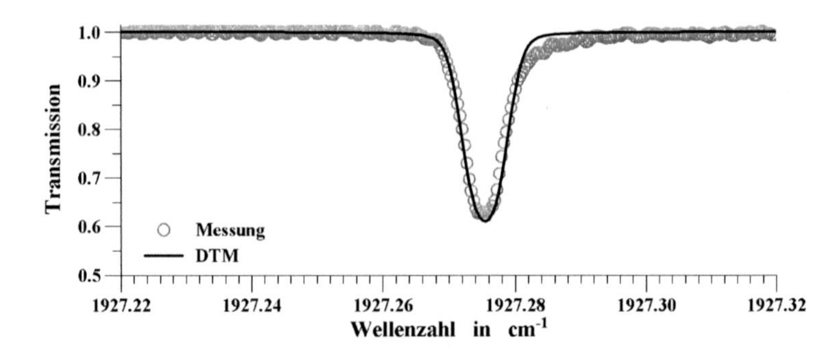

Abb. 5.2 - 2: TDLAS-Messung des Übergangs R15.5 0→1 3/2 D0 unmittelbar vor Eintreffen der Stoßwelle im Vergleich mit der DTM-Berechnung. Testgas ist 10% NO in Argon bei $p_1 = 5\,\text{mbar}$.

Unmittelbar nach dem Durchgang der Stoßfront durch den Laserquerschnitt wurde das in Abbildung 5.2 - 3 dargestellte Transmissionsprofil gemessen. Aus der Verdichtung des Gases und der sehr schnellen Anregung der Rotationsfreiheitsgrade von NO folgen für die dargestellten Linien mit $v'' = 0$ deutliche Änderungen des Produktes $S{\cdot}l{\cdot}p_{NO}$. Die Besetzungsdichte des unteren Energieniveaus des Übergangs R4.5 0→1 3/2 nimmt hinter dem Verdichtungsstoß deutlich ab. Für alle anderen in Abbildung 5.2 - 1 dargestellten Linien mit $v'' = 0$ nimmt der Wert für $S{\cdot}l{\cdot}p_{NO}$ in der Stoßfront deutlich zu. Die Anregung der Freiheitsgrade der Schwingung von NO führt dann sehr schnell zu einem stationären Zustand, indem die Besetzungsdichten der Energieniveaus mit $v = 0$ wieder deutlich schwächer sind. Dagegen nehmen die Besetzungsdichten höherer Energieniveaus unmittelbar hinter der Stoßfront zu. Dies wird durch die in Abbildung 5.2 - 1 dargestellten Übergänge, welche vom ersten oder zweiten angeregten Schwingungsniveau ausgehen, bestätigt. Das Ende der Meßzeit im Stoßrohr ist für die in Abbildung 5.2 - 1 gezeigten Experimente bei etwa 750 μs erreicht. In den TDLAS-Signalen ist das Ende der Meßzeit deutlich durch die Änderungen in den Werten für das Produkt $S{\cdot}l{\cdot}p_{NO}$ zu erkennen. Auf die Vorgänge in der Nähe der Stoßfront wird am Beispiel des Übergangs R15.5 0→1 3/2 D0 nochmals im Detail eingegangen. In Abbildung 5.2 - 2 sind das gemessene Transmissionsspektrum unmittelbar vor Eintreffen der Stoßfront und das zugehörige mit dem DTM be-

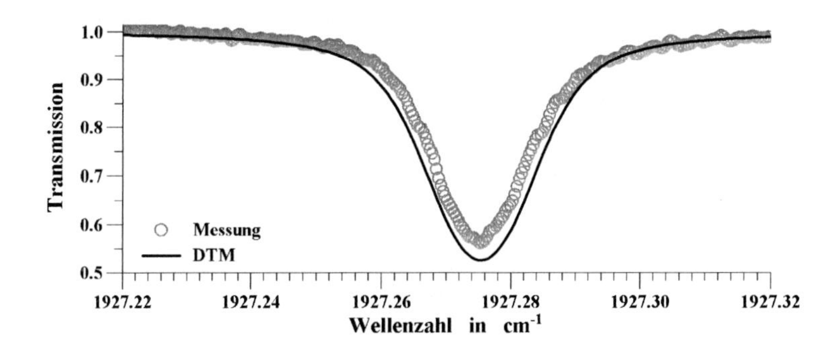

Abb. 5.2-3: TDLAS-Messung des R15.5 0→1 3/2 D0 Übergangs 0.85 μs nach Eintreffen der Stoßwelle im Vergleich mit der DTM-Berechnung für $T_{trans} = T_{rot}$, $T_{vib} = T_1$. Testgas ist 10% NO in Argon bei $p_1 = 5$ mbar; die Stoßmachzahl ist $Ms = 5$.

rechnete Spektrum dargestellt. Das Transmissionsspektrum besteht aus den beiden Dubletts der Λ-Aufspaltung, die so nahe beieinander liegen, daß sie nicht getrennt aufgelöst werden können. Der in Abbildung 5.2-3 dargestellte Meßzyklus wurde 0.85 μs nach Eintreffen der Stoßfront im Meßquerschnitt aufgenommen. Im Vergleich zu dem Transmissionsspektrum des vorhergehenden Meßzyklus erscheint die Linie hier deutlich breiter und stärker. Der Vergleich mit der DTM-Berechnung für vollständige Anregung der rotatorischen Freiheitsgrade mit $T_{trans} = T_{rot} = 2350$ K aber ohne Anregung der Freiheitsgrade der Schwingung, das heißt $T_{vib} = T_1 = 300$ K, zeigt, daß das gemessene Transmissionsspektrum gut mit dem berechneten übereinstimmt obwohl im Experiment zu diesem Zeitpunkt die Anregung der Freiheitsgrade der Schwingung schon einsetzt. Für die Relaxationszeit τ der Schwingung in einem NO-Ar-Gemisch gelten nach *Koshi et al.* [68] die Beziehungen

$$p \cdot \tau_{NO-Ar,vib} = e^{\left(64.0\,T^{-1/3} - 2.95\right)} \quad , \tag{5.2-1}$$

$$p \cdot \tau_{NO-NO,vib} = e^{\left(14.15\,T^{-1/3} - 1.66\right)} \quad . \tag{5.2-2}$$

Die Temperatur T ist in Kelvin einzusetzten. Man erhält dann das Produkt $p \cdot \tau$ in der Einheit atm$\cdot\mu$s. Für die Relaxationszeit der Schwingungsanregung durch NO-

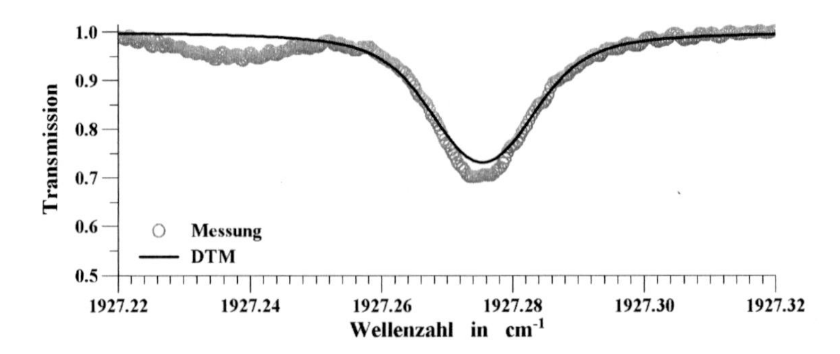

Abb. 5.2-4: TDLAS-Messung des Übergangs R15.5 0→1 3/2 D0 im thermodynamischen Gleichgewicht hinter dem Verdichtungsstoß im Vergleich mit der DTM-Berechnung für $T_{trans} = T_{rot} = T_{vib}$. Testgas ist 10% NO in Argon bei $p_1 = 5\,\text{mbar}$; die Stoßmachzahl ist $Ms = 5$.

Ar-Stöße ergibt sich damit für die Bedingungen der hier vorgestellten Experimente $\tau_{NO-Ar,vib} = 29.4\,\mu s$, für die NO-NO-Stöße $\tau_{NO-NO,vib} = 2.5\,\mu s$. Diese Relaxationszeiten gelten für die Partikelzeit, die Umrechnung in Laborzeit erfolgt durch Division mit dem Faktor 3.78. Für eine Mischung von 10% NO in Argon erhält man damit eine mittlere Relaxationszeit von etwa $3.7\,\mu s$ (Laborzeit). Diese Abschätzung entspricht den Werten aus der Messung. Nach Abschluß der Schwingungsrelaxation, nahe dem thermodynamischen Gleichgewicht, wurde der in Abbildung 5.2-4 dargestellte Meßzyklus aufgenommen. Es ergibt sich, daß auch im Gleichgewicht hinter der Stoßwelle Messung und Berechnung sehr gut übereinstimmt. Zusätzlich zur oben betrachteten NO-Absorptionslinie ist in Abbildung 5.2-4 eine weitere Absorptionslinie zu erkennen, der jedoch, mit den zur Verfügung stehenden Datenbanken, kein Übergang zugeordnet werden konnte. Aus den nach Erreichen des Gleichgewichtszustandes aufgezeichneten Meßpunkten wurden die Verhältnisse der gemessenen Linienintensitäten für zwei unterschiedliche Linienpaarungen bestimmt. Mit dem DTM wurden für diese Linienpaarungen die Verhältnisse der Linienintensitäten über der Gleichgewichtstemperatur berechnet. In Abbildung 5.2-5 ist der Zusammenhang zwischen gemessenen Verhältnissen der Linienintensitäten und der Gleichgewichtstemperatur dargestellt. Die aus den einzelnen Meßzyklen des Experiments bestimmte Gleichge-

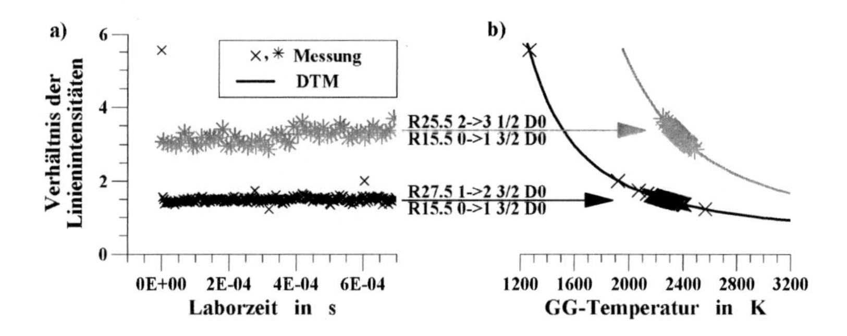

Abb. 5.2-5: Mit dem TDLAS bestimmte Verhältnisse der Linienintensitäten im Gleichgewichtszustand (a) und die sich damit aus dem DTM ergebenden Gleichgewichtstemperaturen (b). Testgas ist 10% NO in Argon bei $p_1 = 5\,\text{mbar}$; die Stoßmachzahl ist $Ms = 5$.

wichtstemperatur entspricht der mit der numerischen Simulation berechneten Temperatur $T = 2328\,\text{K}$ im Gleichgewicht hinter dem Verdichtungsstoß.

Mit den im Argon-Wärmebad durchgeführten Experimenten wurde gezeigt, daß das TDLAS für Messungen hinter Verdichtungsstößen eingesetzt werden kann. Anfängliche Probleme mit Schwingungen des Stoßrohres sowie mit der Einkopplung der IR-Laserstrahlen in das Stoßrohr wurden gelöst. Durch Vergleiche mit Ergebnissen aus numerischen Simulationen wurde nachgewiesen, daß das TDLAS bei Messungen hinter Verdichtungsstößen zuverlässige Ergebnisse liefert.

5.3 Messungen in synthetischer Luft

Ein Ziel der vorliegenden Arbeit war es, die Relaxationszone hinter Verdichtungsstößen in Luft zu untersuchen. Im Gegensatz zu den im vorhergehenden Kapitel vorgestellten Experimenten im Argon-Wärmebad ergeben sich hinter Verdichtungsstößen in Luft in der Relaxationszone deutliche Änderungen der Temperaturen. Dadurch sind komplexere Modelle in den numerischen Simulationen erforderlich. Für die Entwicklung und Überprüfung dieser Modelle sind detaillierte Informationen über die Bildung von Stickstoffmonoxid und über die Besetzung der inneren Freiheitsgrade der NO-Moleküle nötig. Diese Informationen können mit dem im Rahmen der vorliegenden Arbeit aufgebauten TDLAS gewonnen werden. In der vorliegenden Arbeit wurden hierzu Messungen in der Relaxationszone hinter Verdichtungsstößen in synthetischer Luft für Stoßmachzahlen zwischen $Ms = 8$ und $Ms = 11$ durchgeführt. Die mit dem TDLAS mit hoher Durchstimmfrequenz gemessenen Absorptionsspektren werden auf die in den früheren Kapiteln beschriebene Art und Weise ausgewertet. Damit werden Informationen über das Produkt aus Linienintensität S, Länge des optischen Weges l und NO-Partialdruck p_{NO} gewonnen. Ergebnisse vergleichbarer zustandsselektiver Messungen sind aus der Literatur nicht bekannt. Der Vergleich der gewonnenen Meßergebnisse erfolgt mit Ergebnissen numerischer Simulationen. Zur numerischen Simulation der Vorgänge in der Relaxationszone hinter Verdichtungsstößen in Luft, wird das von *Stuhler* [15] entwickelte Programm verwendet. Die so berechneten zeitlichen Änderungen von Druck, Temperatur und Gaszusammensetzung hinter Verdichtungsstößen werden als Eingabedaten für das DTM-Programm verwendet. Als Ergebnis erhält man dann die zu erwartenden Linienintensitäten der NO-Absorptionsübergänge als Funktion der Laborzeit. Aus der Literatur sind nur sehr wenige Messungen in der Relaxationszone von Luft bekannt. Da diese, wie die Meßergebnisse von *Treanor* und *Williams* [69] mit nicht zustandsselektiven Meßverfahren gewonnen wurden, sind diese Meßergebnisse nicht direkt mit den zustandsselektiven Meßdaten dieser Arbeit vergleichbar.

Die im folgenden dargestellten Meßergebnisse wurden in Meßreihen bei $Ms = 8, 9, 10$ und bei $Ms = 11$ im Stoßrohr aufgenommen. Dazu wurden acht verschiedene Absorptionsübergänge von NO ausgewählt. Beide Kanäle des TDLAS wurden für ein Stoßrohrexperiment jeweils auf einen dieser Übergänge oder auf zwei eng beieinanderliegende Übergänge abgestimmt. Durchgestimmt wurde das TDLAS mit einer Frequenz von 700 kHz. Für diese Durchstimmfrequenz sind die IR-Detektoren und der Transientenrecorder ausreichend schnell, um die Transmissionsprofile hinter dem Verdichtungsstoß ohne nennenswerte Fehler aufzuzeichnen. Bei den acht untersuchten Absorptionsübergängen handelt es sich um vier Linien mit dem Ausgangszustand im Grundniveau der Schwingung ($v'' = 0$), um zwei Linien mit dem Ausgangszustand im ersten ($v'' = 1$) und jeweils eine Linie im zweiten ($v'' = 2$) und vierten ($v'' = 4$) Schwingungsniveau. Die untersuchten Absorptionsübergänge und gewisse Besonderheiten, die bei Absorptionsmessungen dieser Linien beachtet werden müssen, sind in der Tabelle 5.3 - 1 aufgelistet. Absorptionsübergänge, deren Grundzustand der Schwingung angeregt ist, können bei Umgebungstemperatur auch bei hohen NO-Konzentrationen nicht erfaßt werden. Somit kann das TDLAS auf diese Übergänge nicht direkt abgestimmt werden. Zur Abstimmung des TDLAS wurden die in Tabelle 5.3 - 1 aufgeführten, benachbarten Absorptionslinien mit $v'' = 0$ verwendet.

Die erste Meßreihe wurde bei der Stoßmachzahl $Ms = 8$ durchgeführt. Die Luft wurde bei der Testgastemperatur $T_1 = 295\,\mathrm{K}$ mit dem Testgasdruck $p_1 = 10\,\mathrm{mbar}$ ins Laufrohr eingefüllt. Als Treibgas wurde eine Mischung von 50% H_2 in Heli-

Bezeichnung	Linienmitte	Besonderheiten
R7.5 0→1 3/2 D0	1903.6438 cm^{-1}	
P10.5 0→1 1/2 D0	1839.2680 cm^{-1}	In unmittelbarer Nachbarschaft liegt eine Wasserdampflinie, die erst in der Mischungszone von Luft mit dem Treibgas Wasserstoff in Erscheinung tritt.
R16.5 0→1 3/2 D0	1814.6881 cm^{-1}	Bei hohen NO-Konzentrationen tritt bei Umgebungstemperatur in unmittelbarer Nachbarschaft eine schwache Linie eines NO-Isotopes auf.
R18.5 0→1 1/2 D0	1934.3893 cm^{-1}	Benachbarte NO-Linie R30.5 1→2 1/2 D0
R17.5 1→2 3/2 D0	1904.0242 cm^{-1}	Eine starke Wasserdampflinie direkt neben dieser Linie, erfordert, daß der komplette Strahlengang des TDLAS mit reinem Stickstoff gespült wird. Benachbarte NO-Linie R7.5 0→1 3/2 D0
R30.5 1→2 1/2 D0	1934.2820 cm^{-1}	Benachbarte NO-Linie R18.5 0→1 1/2 D0
R29.5 2→3 3/2 D0	1904.1924 cm^{-1}	Benachbarte NO-Linie R7.5 0→1 3/2 D0
R16.5 4→5 1/2 D0	1814.4885 cm^{-1}	Benachbarte NO-Linie R16.5 0→1 3/2 D0

Tabelle 5.3 - 1: Für die Messungen in Luft verwendete Absorptionsübergänge von Stickstoffmonoxid. Die benachbarten Übergänge werden zur Abstimmung des TDLAS verwendet.

um verwendet. In Abbildung 5.3 - 1 ist das Produkt $S{\cdot}l{\cdot}p_{NO}$ über der Laborzeit für die vier Absorptionsübergänge mit $v'' = 0$ dargestellt. In dieser Abbildung und in den darauffolgenden Abbildungen sind die Meßwerte der einzelnen Meßzyklen durch Symbole gekennzeichnet; die durchgezogenen Linien sind daraus berechnete Mittelwerte. Alle vier Absorptionsübergänge in Abbildung 5.3 - 1 zeigen erst mit einer Verzögerung von $10\,\mu$s nach Eintreffen des Verdichtungsstoßes ansteigende Linienintensitäten. Während der im Stoßrohr zur Verfügung stehenden Meßzeit wird der Gleichgewichtszustand nahezu erreicht. Aus der numerischen Simulation folgt, daß die Gleichgewichtstemperatur hinter einem Verdichtungsstoß in Luft mit $Ms = 8$ etwa 3000 K beträgt. Aus der Berechnung der Linienintensitäten mit dem DTM folgt, daß innerhalb der Schwingungsbanden das Energieniveau mit der Rotationsquantenzahl $j'' = 24.5$ bei dieser Temperatur am stärksten besetzt ist. Damit ergibt sich, daß die Besetzungsdichten der untersuchten Übergänge mit zunehmender Rotationsquantenzahl von $j'' = 7.5$ bis $j'' = 18.5$ zunehmen müssen. Berücksichtigt man, daß die Intensitäten der Absorptionsübergänge des R-Zweiges größer sind als die des P-Zweiges und daß die Besetzungsdichten im $^2\Pi_{1/2}$-Band größer sind als die im $^2\Pi_{3/2}$-Band, so zeigt sich, daß die Intensitäten der vier Absorptionslinien in einem Verhältnis zueinander stehen müssen wie es der Abbildung 5.3 - 1 entnommen werden kann. In Abbildung 5.3 - 2 sind die Messungen der vier Absorptionslinien mit $v'' > 0$ dargestellt. Der gemessene zeitliche Verlauf des Produktes $S{\cdot}l{\cdot}p_{NO}$ ist, für alle acht untersuchten Absorptionsübergänge, ähnlich. Die Abnahme der Intensität mit steigender Schwingungsquantenzahl entspricht einer Boltzmannverteilung mit der Schwingungstemperatur $T_{vib} = 3000\,$K. Aufgrund des kleinen Absorptionsweges von $l = 72$ mm und der geringen NO-Konzentration hinter dem Verdichtungsstoß, liegt das Minimum im Transmissionssignal des Übergangs R16.5 4→5 1/2 D0 bei $\mathcal{T} = 99\%$; es ist damit an der Nachweisgrenze des TDLAS.

Die zweite Meßreihe wurde bei der Stoßmachzahl $Ms = 9$ durchgeführt. Eingestellt wurde der Testgasdruck $p_1 = 8\,$mbar und die Testgastemperatur $T_1 = 295\,$K. Die Meßergebnisse der acht Absorptionslinien sind in den Abbildungen 5.3 - 3 und 5.3 - 4 dargestellt. Durch das Absenken des Testgasdruckes von $p_1 = 10\,$mbar auf $p_1 = 8\,$mbar bei gleichzeitiger Erhöhung der Stoßmachzahl von $Ms = 8$ auf $Ms = 9$ stellt sich nahezu dergleiche Druck p_2 hinter dem Verdichtungsstoß ein. Damit ergeben sich auch ähnliche Intensitäten für die verschiedenen Absorptionslinien. Die in Abbildung 5.3 - 4 dargestellten Übergänge mit $v'' > 0$ besitzen im Vergleich mit

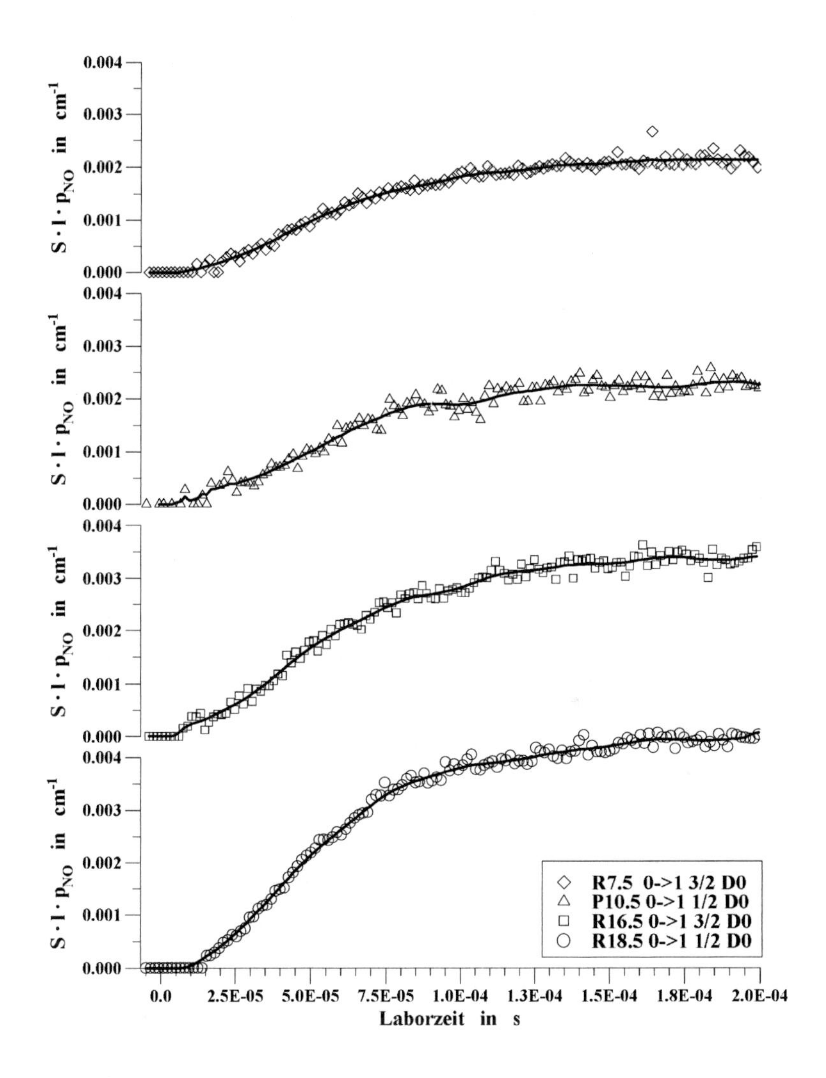

Abb. 5.3 - 1: Gemessene Absorptionslinien ausgehend vom Grundniveau der Schwingung hinter Verdichtungsstößen in Luft bei $Ms = 8$ für den Testgasdruck $p_1 = 10$ mbar und die Testgastemperatur $T_1 = 295$ K. Die durchgezogenen Linien sind zeitlich gemittelte Werte für die durch Symbole dargestellten einzelnen Meßpunkte.

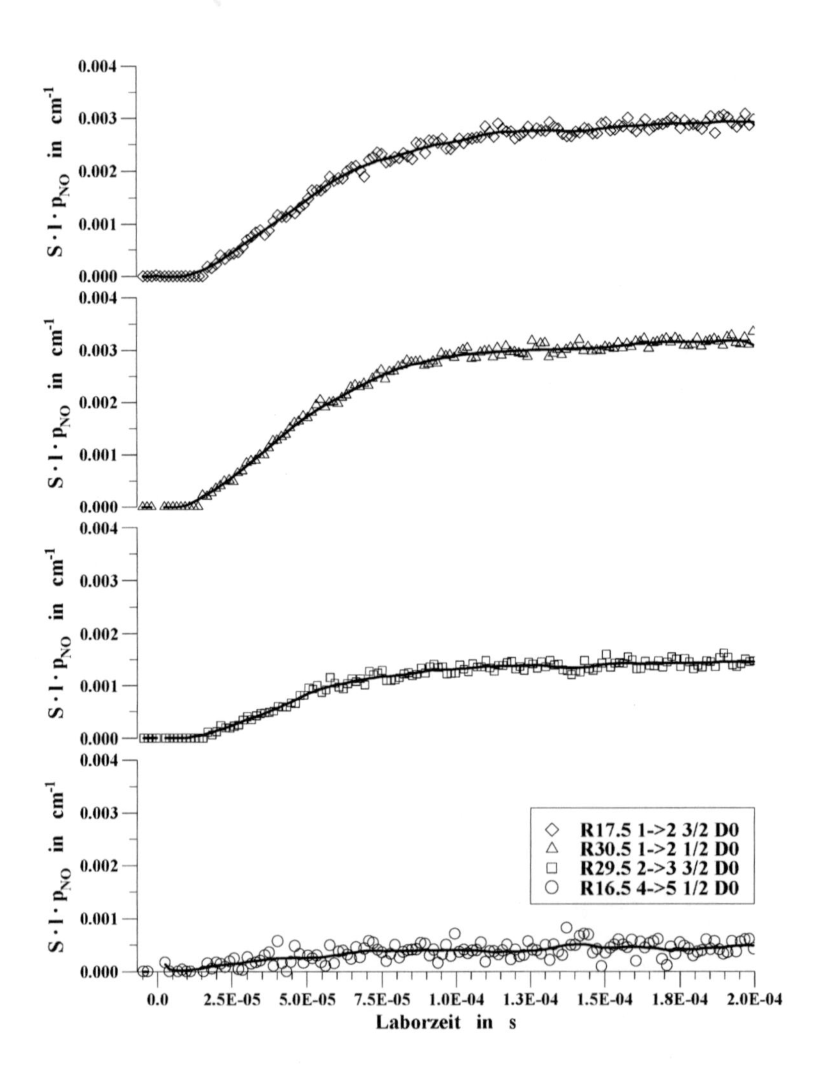

Abb. 5.3 - 2: Gemessene Absorptionslinien ausgehend von angeregten Schwingungsniveaus hinter Verdichtungsstößen in Luft bei $Ms = 8$ für den Testgasdruck $p_1 = 10\,\mathrm{mbar}$ und die Testgastemperatur $T_1 = 295\,\mathrm{K}$. Die durchgezogenen Linien sind zeitlich gemittelte Werte für die durch Symbole dargestellten einzelnen Meßpunkte.

Experimenten bei $Ms = 8$ etwas stärkere Intensitäten. Die Relaxation der Teilchenkonzentrationen ist deutlich schneller als bei $Ms = 8$, die NO-Konzentration durchläuft ein Maximum nach etwa $20\,\mu$s. Dieser zeitliche Verlauf mit einem schwachen Überschwingen der NO-Konzentration bei $Ms = 9$ wurde auch bei den Emissionsmessungen von *Treanor* und *Williams* beobachtet [69].

In den Abbildungen 5.3 - 5 und 5.3 - 6 sind Messungen bei $Ms = 10$ dargestellt. Um die Stoßmachzahl auf $Ms = 10$ zu erhöhen, mußte als Treibgas reiner Wasserstoff verwendet werden und der Laufgasdruck auf $p_1 = 5\,$mbar abgesenkt werden. Das Absenken des Laufgasdruckes führt auf einen kleineren Druck p_2 hinter dem Verdichtungsstoß und damit auch zu einer entsprechenden Verringerung des NO-Partialdruckes. Damit werden die gemessenen Linienintensitäten kleiner. Im Vergleich zu den Messungen bei $Ms = 8$ und $Ms = 9$ ist ein deutliches Überschwingen der Signale zu erkennen. Der Anstieg der Linienintensitäten nach Eintreffen des Verdichtungsstoßes erfolgt noch schneller, das Maximum wird nach etwa $10\,\mu$s erreicht.

Ergebnisse aus den bei der Stoßmachzahl $Ms = 11$ mit Luft als Testgas durchgeführten Experimenten sind in den Abbildungen 5.3 - 7 und 5.3 - 8 dargestellt. Die Meßergebnisse zeigen deutlich kleinere Werte für das Produkt $S{\cdot}l{\cdot}p_{NO}$ im Vergleich zu den Messungen bei $Ms = 10$. Um im Stoßrohrexperiment die Stoßmachzahl auf $Ms = 11$ zu steigern, mußte der Laufgasdruck auf $p_1 = 2.5\,$mbar abgesenkt werden. Der Druck hinter dem Verdichtungsstoß ist im Vergleich mit den Experimenten bei $Ms = 10$ um den Faktor 1.6 kleiner. Um den gleichen Faktor sind die bei $Ms = 11$ gemessenen Linienintensitäten kleiner als die bei $Ms = 10$. Der Grund hierfür ist, daß die NO-Konzentrationen hinter den Verdichtungsstößen vergleichbar sind. Die Messungen bei $Ms = 11$ zeigen ein stärkeres Überschwingen, wobei sich über die gesamte Meßzeit leicht abnehmende Intensitätssignale ergeben. Das Maximum des Produktes $S{\cdot}l{\cdot}p_{NO}$ wird nach etwa $6\,\mu$s erreicht und damit noch deutlich schneller als bei $Ms = 10$.

Für die vier im Rahmen der vorliegenden Arbeit vorgestellten Versuchsbedingungen im Stoßrohr wurden mit dem Programm von *Stuhler* numerische Simulationen der Relaxationszone hinter einfallenden Stoßwellen in Luft durchgeführt [15]. Aus den Ergebnissen dieser numerischen Simulationen wurden über der Laborzeit die Werte der Translations-Rotations-Temperatur, der NO-Schwingungstemperatur, der NO-Konzentration und des Gesamtdruckes entnommen. Diese Daten wurden als Eingabe

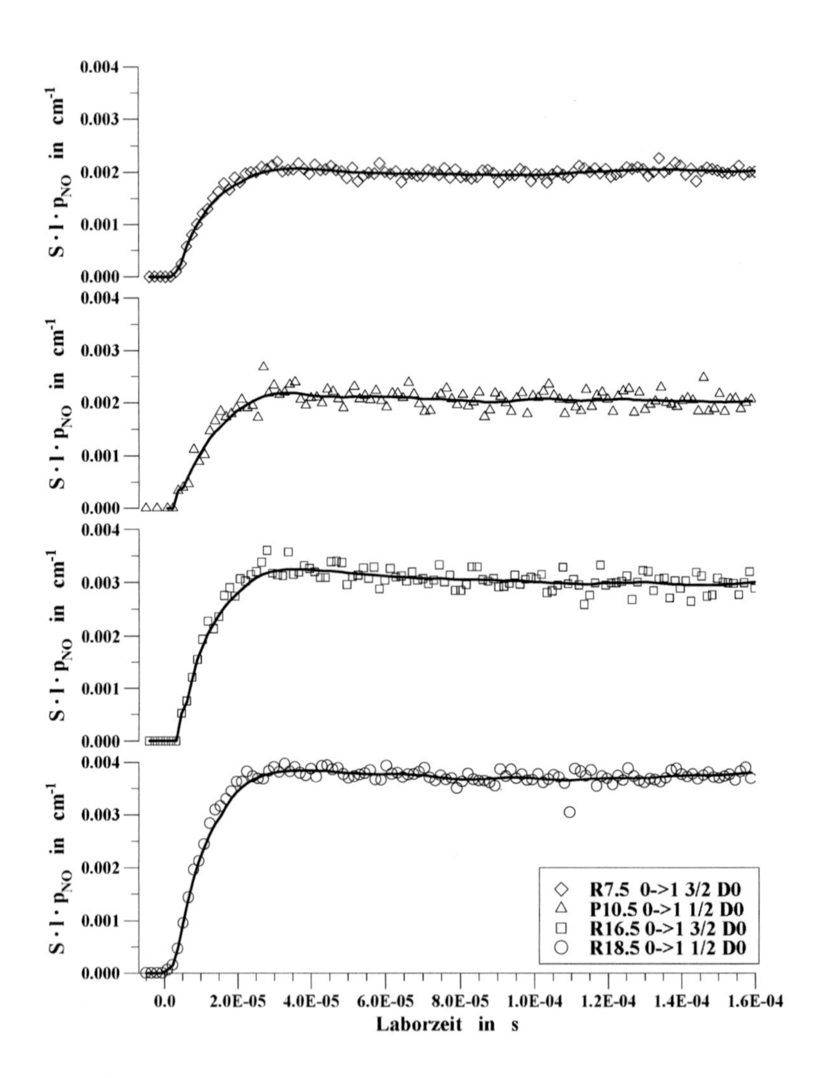

Abb. 5.3 - 3: Gemessene Absorptionslinien ausgehend vom Grundniveau der Schwingung hinter Verdichtungsstößen in Luft bei $Ms = 9$ für den Testgasdruck $p_1 = 8\,\text{mbar}$ und die Testgastemperatur $T_1 = 295\,\text{K}$. Die durchgezogenen Linien sind zeitlich gemittelte Werte für die durch Symbole dargestellten einzelnen Meßpunkte.

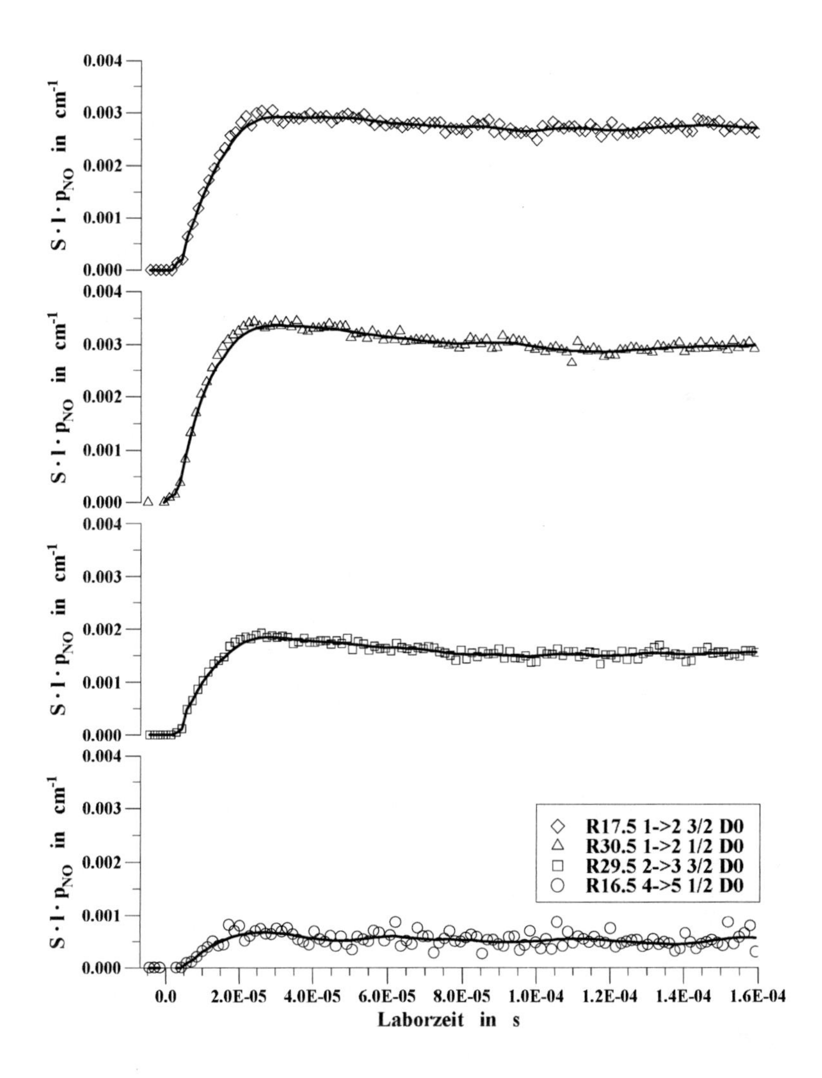

Abb. 5.3 - 4: Gemessene Absorptionslinien ausgehend von angeregten Schwingungsniveaus hinter Verdichtungsstößen in Luft bei $Ms = 9$ für den Testgasdruck $p_1 = 8\,\text{mbar}$ und die Testgastemperatur $T_1 = 295\,\text{K}$. Die durchgezogenen Linien sind zeitlich gemittelte Werte für die durch Symbole dargestellten einzelnen Meßpunkte.

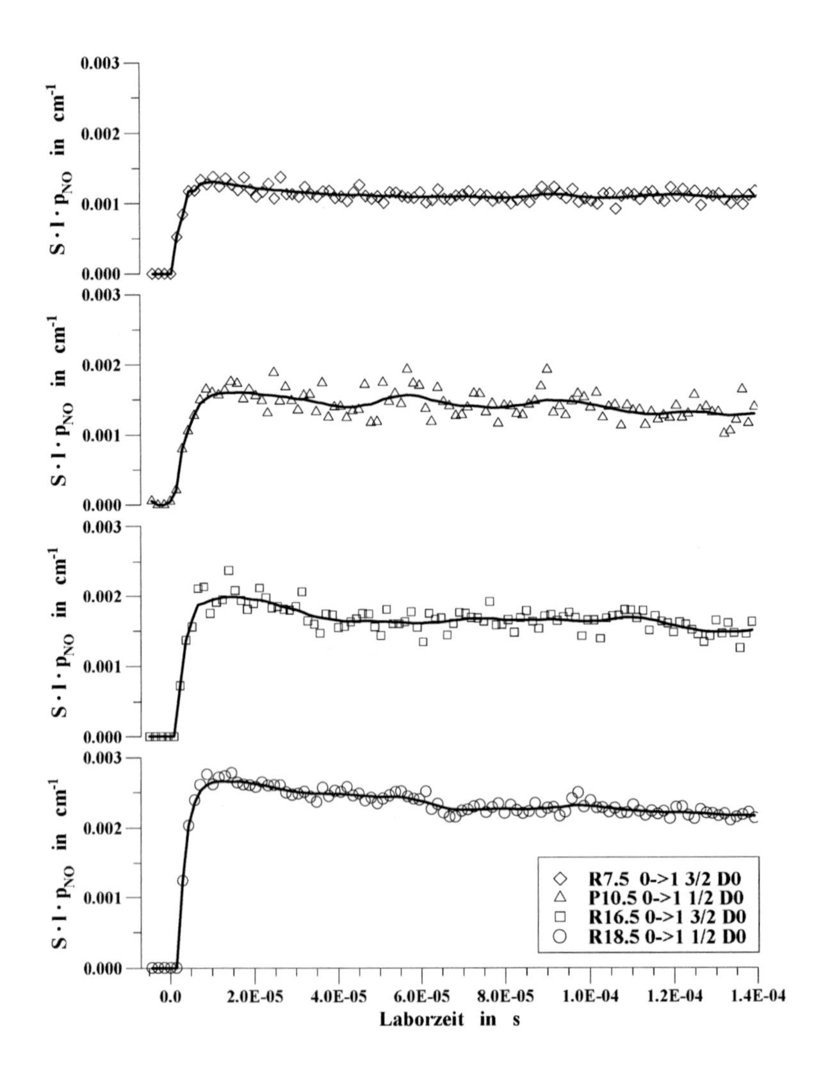

Abb. 5.3 - 5: Gemessene Absorptionslinien ausgehend vom Grundniveau der Schwingung hinter Verdichtungsstößen in Luft bei $Ms = 10$ für den Testgasdruck $p_1 = 5\,\text{mbar}$ und die Testgastemperatur $T_1 = 295\,\text{K}$. Die durchgezogenen Linien sind zeitlich gemittelte Werte für die durch Symbole dargestellten einzelnen Meßpunkte.

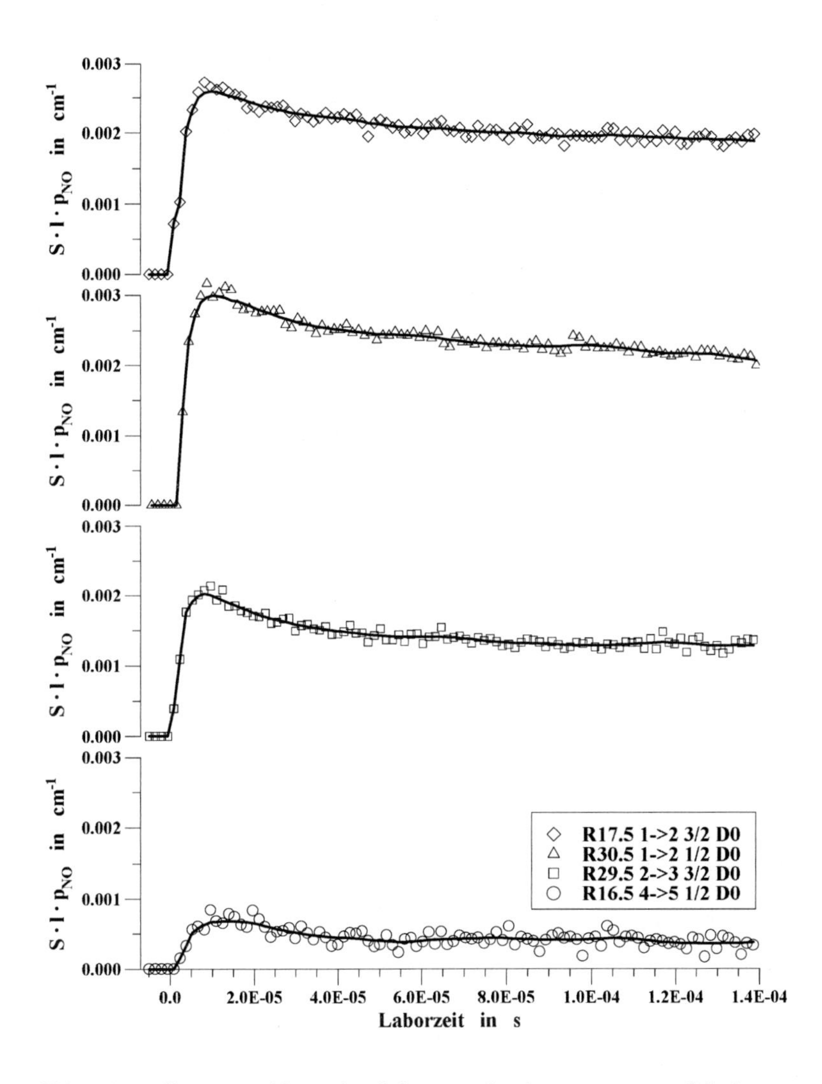

Abb. 5.3 - 6: Gemessene Absorptionslinien ausgehend von angeregten Schwingungsniveaus hinter Verdichtungsstößen in Luft bei $Ms = 10$ für den Testgasdruck $p_1 = 5\,\text{mbar}$ und die Testgastemperatur $T_1 = 295\,\text{K}$. Die durchgezogenen Linien sind zeitlich gemittelte Werte für die durch Symbole dargestellten einzelnen Meßpunkte.

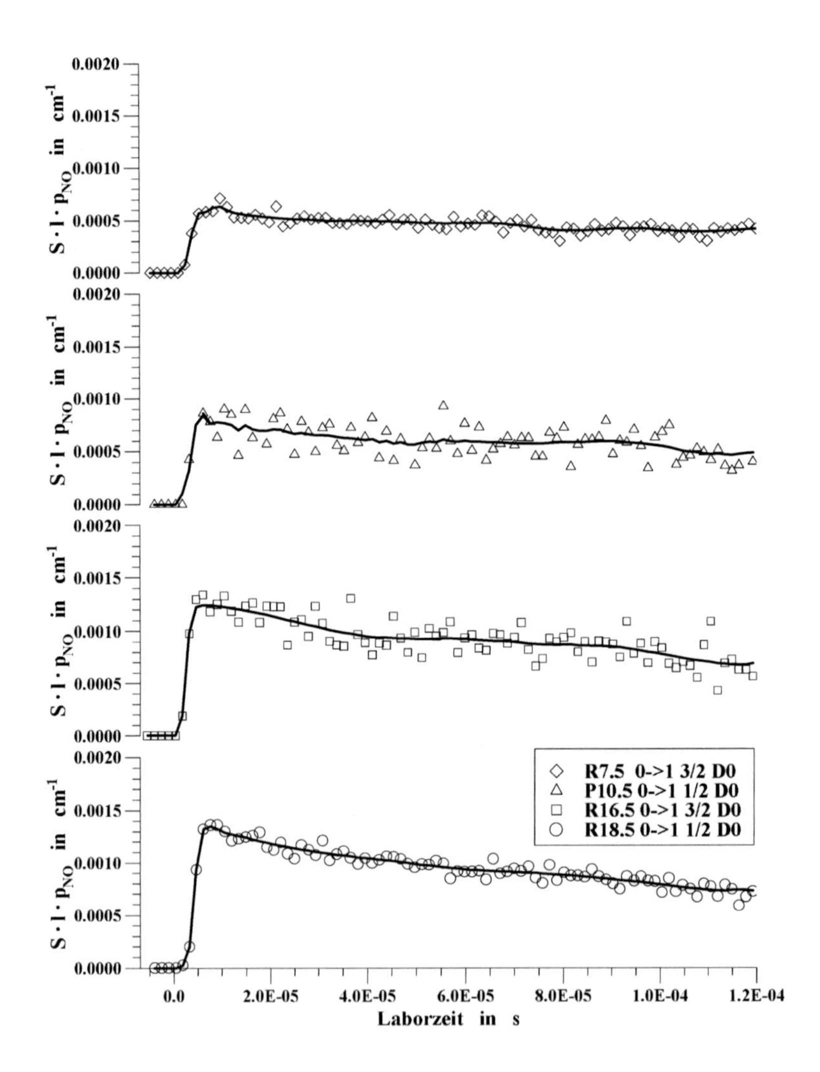

Abb. 5.3 - 7: Gemessene Absorptionslinien ausgehend vom Grundniveau der Schwingung hinter Verdichtungsstößen in Luft bei $Ms = 11$ für den Testgasdruck $p_1 = 2.5\,\mathrm{mbar}$ und die Testgastemperatur $T_1 = 295\,\mathrm{K}$. Die durchgezogenen Linien sind zeitlich gemittelte Werte für die durch Symbole dargestellten einzelnen Meßpunkte.

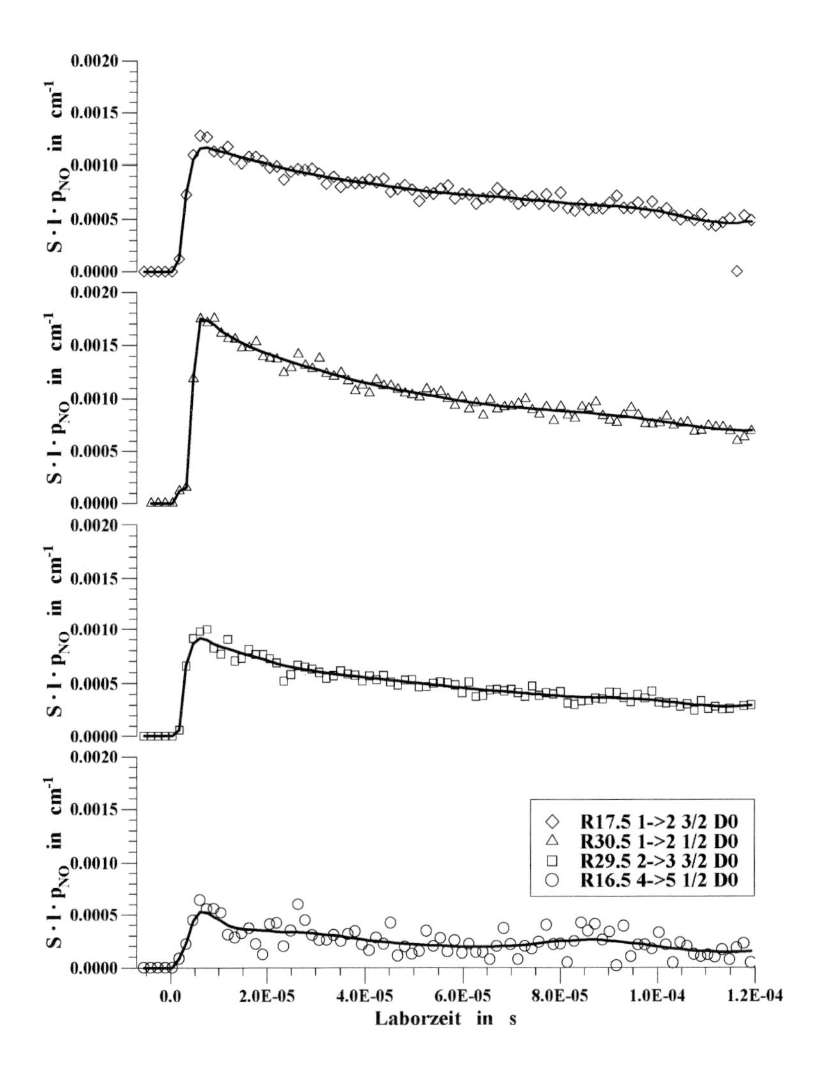

Abb. 5.3-8: Gemessene Absorptionslinien ausgehend von angeregten Schwingungsniveaus hinter Verdichtungsstößen in Luft bei $Ms = 11$ für den Testgasdruck $p_1 = 2.5\,\text{mbar}$ und die Testgastemperatur $T_1 = 295\,\text{K}$. Die durchgezogenen Linien sind zeitlich gemittelte Werte für die durch Symbole dargestellten einzelnen Meßpunkte.

für das DTM-Programm verwendet. Durch diese Vorgehensweise konnten die sich aus den numerischen Simulationen ergebenden Linienintensitäten, unter Verwendung des DTM, als Funktionen der Laborzeit berechnet werden. Die numerische Simulation bei $Ms = 8$, die über die gesamte im Experiment zur Verfügung stehenden Meßzeit durchgeführt wurde, ergab für alle untersuchten Absorptionslinien stetig ansteigende Werte für das Produkt $S{\cdot}l{\cdot}p_{NO}$. Im obersten Diagramm in Abbildung 5.3 - 9 sind gemessene und berechnete Werte für den Übergang R7.5 0→1 3/2 D0 dargestellt. Deutlich zu erkennen ist, daß die mit den Ergebnissen aus den numerischen Simulationen berechneten Werte für das Produkt $S{\cdot}l{\cdot}p_{NO}$ am Ende der Meßzeit um den Faktor 1.4 größer sind, als die mit dem Voigt-Profil-Fitting aus den TDLAS-Messungen bestimmten Werte. In Abbildung 5.3 - 10 sind im obersten Diagramm die entsprechenden Kurven für den Übergang R17.5 1→2 3/2 D0 aufgetragen. Auch hier sind die aus der numerischen Simulation bestimmten Werte für das Produkt $S{\cdot}l{\cdot}p_{NO}$ am Ende der Meßzeit etwa um den Faktor 1.4 größer als die experimentell bestimmten. Die Übereinstimmung zwischen Experiment und numerischer Simulation ist in der Anfangsphase der NO-Bildung sehr gut. In den weiteren Diagrammen der Abbildungen 5.3 - 9 und 5.3 - 10 sind die Ergebnisse der Experimente und der numerischen Simulationen für die beiden NO-Absorptionslinien bei $Ms = 8, 9, 10$ und $Ms = 11$ dargestellt. Wie schon anhand der Messungen und Simulationen bei $Ms = 8$ erläutert, ergeben sich auch bei den höheren Stoßmachzahlen Abweichungen zwischen den Ergebnissen der Messungen und den numerischen Simulationen. Auch hier stimmen in der Anfangsphase der NO-Bildung Experimente und Simulationen überein. Ein Vergleich zwischen einem im Stoßrohrexperiment gemessenen Transmissionssignal und einem mit den Ergebnissen der numerischen Simulation berechneten Transmissionssignal ist in Abbildung 5.3 - 11 dargestellt. Der Unterschied zwischen der Messung und der numerische Simulation bei $Ms = 10$ ist bedingt durch die unterschiedlichen NO-Konzentrationen, die sich am Ende der Meßzeit einstellen. Die im Programm von *Stuhler* [15] für die numerischen Simulationen verwendeten Reaktionskonstanten wurden aus den vielen verschiedenen aus der Literatur bekannten Werten, so ausgewählt, daß die Ergebnisse der Messungen von *Treanor* und *Williams* [69] gut wiedergegeben werden. Die Ergebnisse von *Treanor* und *Williams* wurden an einem Stoßrohr durch Messung der Emission des Gases über einen breiten Frequenzbereich im Infraroten gewonnen. Die gemessenen Strahlungsintensitäten wurden über eine von *Wurster et al.* [70] entwickelte Beziehung als

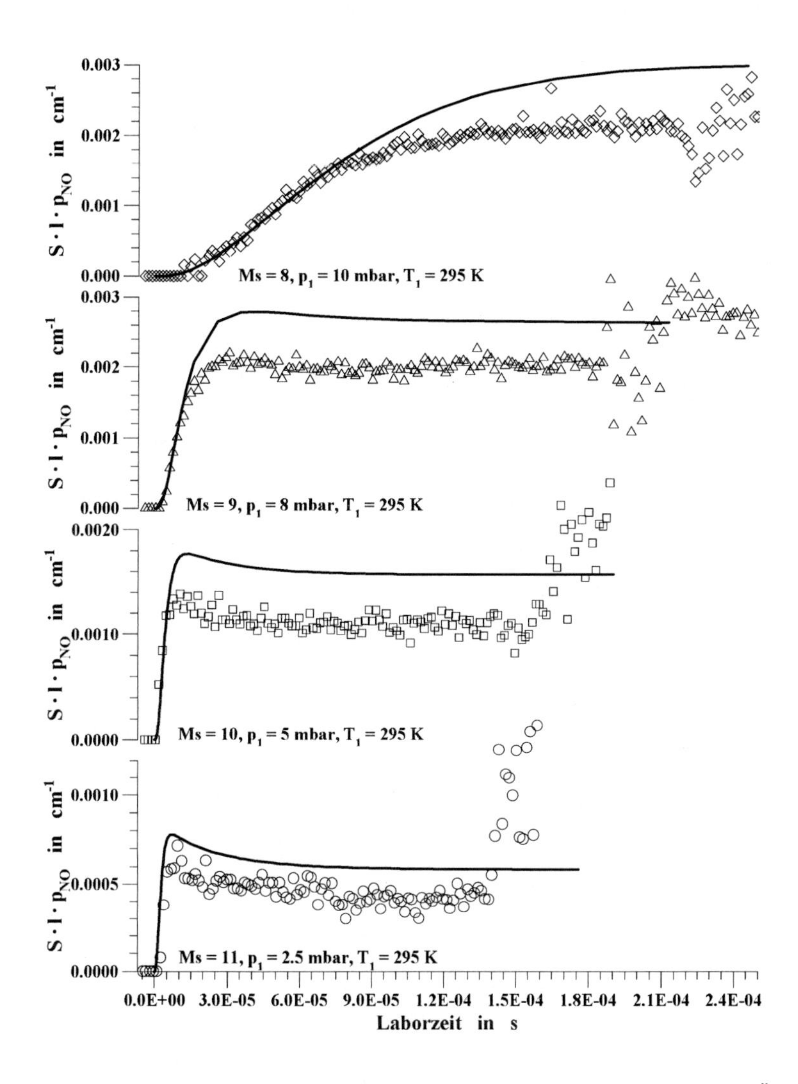

Abb. 5.3-9: Gemessene und berechnete Werte für das Produkt $S \cdot l \cdot p_{NO}$ des Übergangs R7.5 0→1 3/2 für vier unterschiedliche Stoßrohrexperimente. Die einzelnen Meßpunkte sind durch Symbole dargestellt, die durchgezogenen Linien wurden mit dem DTM unter Verwendung von Daten aus numerischen Simulationen berechnet.

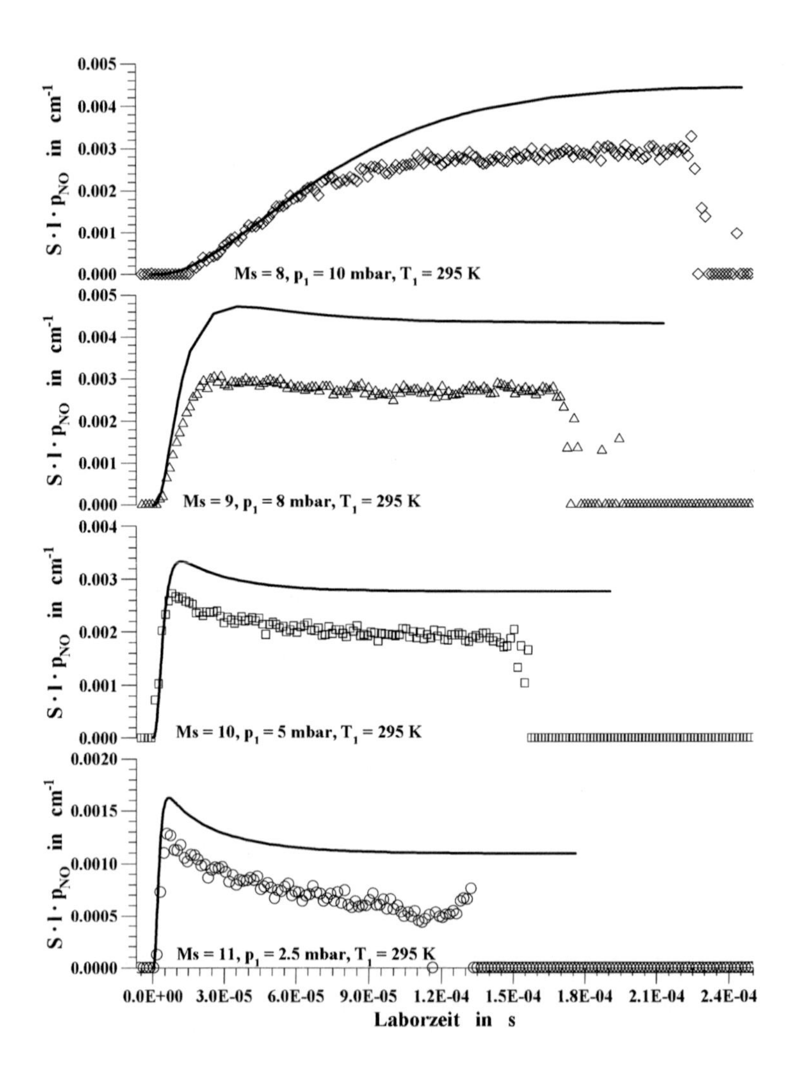

Abb. 5.3 - 10: Gemessene und berechnete Werte für das Produkt $S{\cdot}l{\cdot}p_{NO}$ des Übergangs R17.5 1→2 3/2 für vier unterschiedliche Stoßrohrexperimente. Die einzelnen Meßpunkte sind durch Symbole dargestellt, die durchgezogenen Linien wurden mit dem DTM unter Verwendung von Daten aus numerischen Simulationen berechnet.

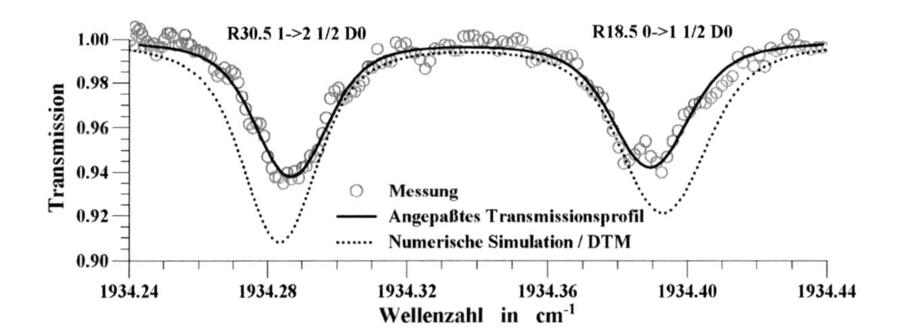

Abb. 5.3 - 11: Gemessene und mit dem DTM mit Daten aus einer numerischen Simulation berechnete Transmissionsignale $100\,\mu s$ nach Eintreffen des Verdichtungsstoßes. Versuchsbedingungen: $Ms = 10$, $p_1 = 5\,\mathrm{mbar}$, $T_1 = 295\,\mathrm{K}$.

Funktion der NO-Konzentration und der Temperatur des Gases dargestellt. Dabei wurde davon ausgegangen, daß innerhalb des erfaßten Frequenzbereiches nur für NO Übergänge mit Emission von Strahlung stattfinden und keine von anderen Spezies. In der Literatur ist die Aussage zu finden, daß es im allgemeinen schwierig ist, die Strahlungsintensitäten von Luft in der Relaxationszone hinter Verdichtungsstößen genau vorherzusagen [z.B. 20]. Die zustandsselektiven Messungen, die im Rahmen dieser Arbeit durchgeführt wurden, beschränkten sich auf das Isotop $N^{14}O^{16}$. Inwieweit sich hinter dem Verdichtungsstoß andere Isotope von NO bilden, die auch zur gesamten NO-Konzentration beitragen, ist nicht bekannt. Im Gegensatz zur zustandsselektiven Messung mit dem TDLAS, in denen diese Isotope nicht mit erfaßt werden, sind sie in den Emissionsmessungen von *Treanor* und *Williams* bzw. von *Wurster et al.* sicher enthalten. Aus der Literatur sind auch verschiedene andere Werte für die im Programm von *Stuhler* verwendeten Gleichgewichtskonstanten bekannt. Damit könnten die Unterschiede zwischen den Messungen der vorliegenden Arbeit und den numerischen Simulationen verringert werden. Die im folgenden dargestellten sehr guten Übereinstimmungen der Verhältnisse von Linienintensitäten aus Experiment und numerischer Simulation belegen, daß die Gastemperatur hinter den Verdichtungsstößen in Experiment und numerischer Simulation übereinstim-

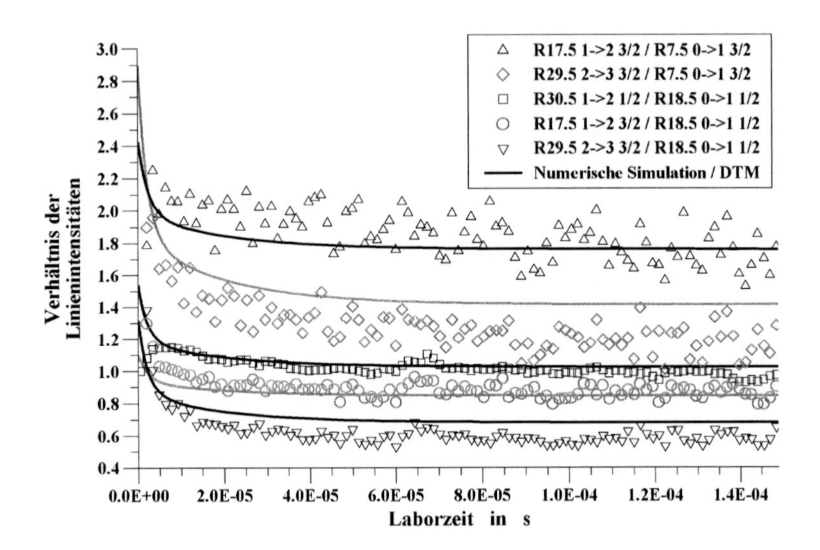

Abb. 5.3 - 12: Gemessene und mit dem DTM mit Daten aus einer numerischen Simulation berechnete Verhältnisse der Linienintensitäten. Versuchsbedingungen: $Ms = 10$, $p_1 = 5\,\text{mbar}$, $T_1 = 295\,\text{K}$.

men. Damit sind Einflüsse der Grenzschicht im Stoßrohr auf die oben beschriebenen unterschiedlichen NO-Konzentrationen in Experiment und numerischer Simulation nicht zu erwarten.

Wie schon im Kapitel 4.3.2 ausgeführt wurde, ist das Verhältnis zweier Linienintensitäten, welches aus dem Verhältnis zweier Werte des Produktes $S{\cdot}l{\cdot}p_{NO}$ mit der Beziehung

$$Lv_{1,2} = \frac{(S{\cdot}l{\cdot}p_{NO})_1}{(S{\cdot}l{\cdot}p_{NO})_2} = \frac{S_1}{S_2} \qquad (5.3\text{-}1)$$

gebildet werden kann, nur noch von dem thermischen Zustand des Gases abhängig und nicht von der NO-Konzentration. Somit sind die in Abbildung 5.3 - 12 dargestellten Kurven unabhängig von der Relaxation der Teilchenkonzentrationen. Die

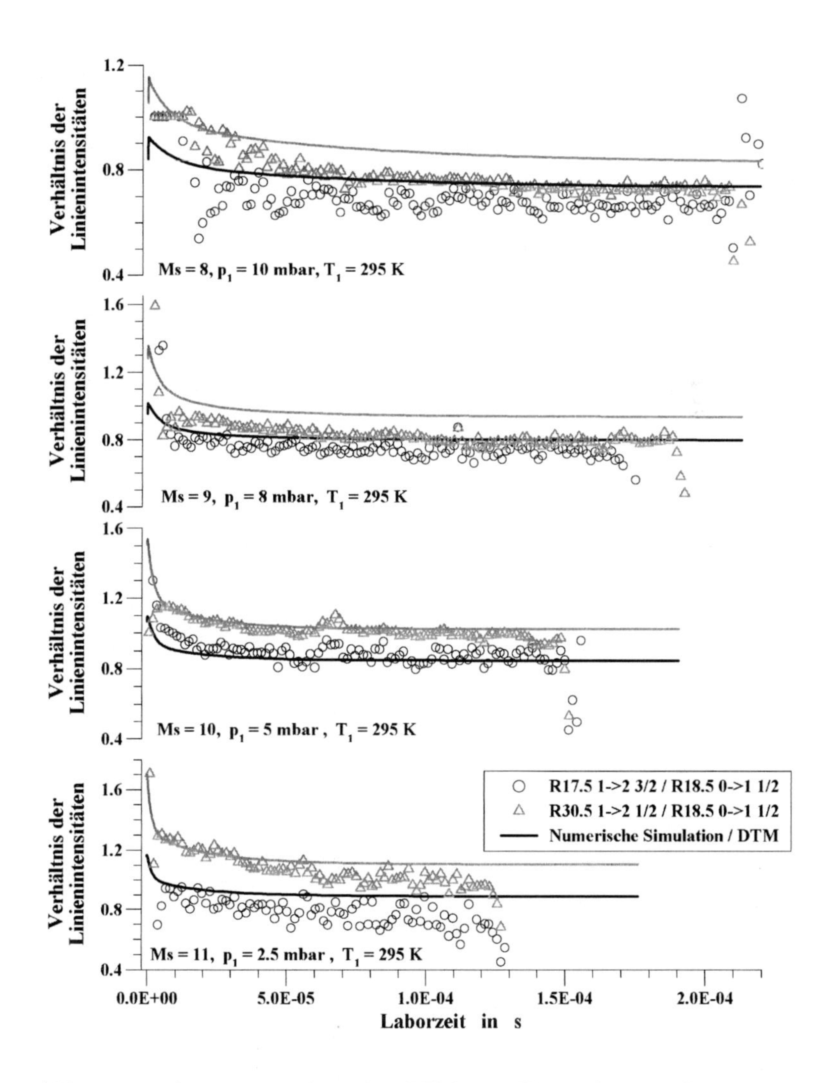

Abb. 5.3 - 13: Gemessene und mit dem DTM unter Verwendung von Daten aus numerischen Simulationen berechnete Verhältnisse der Linienintensitäten für vier unterschiedliche Stoßrohrexperimente.

Symbole sind aus den Messungen bei $Ms = 10$ berechnete Verhältnisse der Linienintensitäten. Die durchgezogenen Linien sind aus den Ergebnissen der numerischen Simulationen mit dem DTM berechnete Verhältnisse der Linienintensitäten. Wie der Abbildung 5.3 - 12 zu entnehmen ist, stimmen die Verhältnisse der Linienintensitäten aus Messungen und numerischer Simulationen gut überein. Damit folgt, daß die Temperaturverläufe aus den numerischen Simulationen mit denen der Experimente vergleichbar sind. Zwei Verhältnisse von Linienintensitäten sind in Abbildung 5.3 - 13 für alle vier untersuchten Stoßmachzahlen dargestellt. In Kapitel 4.3.2 wurde abgeleitet, daß das Verhältnis der Linienintensitäten von Übergängen mit derselben Rotationsquantenzahl und unterschiedlicher Schwingungsquantenzahl unabhängig von der Translations-Rotations-Temperatur ist. Damit ist das Verhältnis der Linienintensitäten der Übergänge R17.5 1→2 3/2 und R18.5 0→1 1/2 in guter Näherung nur von der Schwingungstemperatur abhängig. Für alle in den Stoßrohrexperimenten der vorliegenden Arbeit untersuchten Bedingungen ergeben sich für die Verhältnisse von Linienintensitäten gute Übereinstimmungen mit den Ergebnissen der numerischen Simulationen.

6 Zusammenfassung

In der vorliegenden Arbeit wurde die Relaxationszone hinter Verdichtungsstößen in Luft mittels der Infrarot-Absorptionsspektroskopie untersucht. Die Experimente wurden in einem Stoßrohr durchgeführt, das im Rahmen der vorliegenden Arbeit mit einem Infrarot-Dioden-Laser ausgestattet wurde. Der Laser wurde auf Absorptionslinien von Stickstoffmonoxid abgestimmt. Für die Planung der Stoßrohrexperimente und für die Auswertung der in den Experimenten aufgezeichneten Meßdaten wurde im Rahmen der vorliegenden Arbeit ein Programm zur Berechnung des Linienspektrums von Stickstoffmonoxid entwickelt. Ein aus der Literatur bekanntes Modell zur detaillierten Berechnung des Linienspektrums von Stickstoffmonoxid im thermischen Gleichgewicht wurde dahingehend erweitert, daß die Berechnung des NO-Linienspektrums auch unter Berücksichtigung von Abweichungen vom thermischen Gleichgewicht möglich wurde. Mit dem im Rahmen dieser Arbeit erstellten Computerprogramm wurden Transmissionsspektren von NO berechnet. Durchgeführte Vergleiche mit Transmissionsspektren, die mit dem Programm MOLSPEC der Firma Laser Photonics berechnet wurden, zeigen für Zustände im thermischen Gleichgewicht sehr gute Übereinstimmung. Die Mittenfrequenzen der berechneten Spektrallinien, die sich aus der Energiedifferenz der beim Absorptionsvorgang beteiligten Energieniveaus ergeben, wurden mit Daten aus der HITRAN-Datenbank verglichen. Der Vergleich der Mittenfrequenzen aus der HITRAN-Datenbank mit denen aus den eigenen Berechnungen ergab, daß das aus der Literatur bekannte Modell für die Energieniveaus des Stickstoffmonoxidmoleküls nicht ausreichend genau ist, um die Mittenfrequenzen der Spektrallinien so exakt wiederzugeben, wie dies die HITRAN-Datenbank ermöglicht. Das im Rahmen der vorliegenden Arbeit entwickelte Programm wurden deshalb so erweitert, daß die Linienpositionen der HITRAN-Datenbank übernommen werden können. Mit dem erweiterten Modell ist es nun möglich, Berechnungen des NO-Linienspektrums auch dann durchzuführen, wenn Translations-, Rotations- und Schwingungstemperatur unterschiedliche Werte haben.

Für die im Rahmen dieser Arbeit durchgeführten Untersuchungen wurde ein durchstimmbares Infrarot-Diodenlaser-Absorptionsspektrometer speziell für den Einsatz am Stoßrohr aufgebaut. Die Meßeinrichtung wurde so konzipiert, daß zwei Infrarot-Diodenlaser unabhängig voneinander parallel betrieben werden können. Die Durchstimmfrequenz der Diodenlaser ist bei ähnlichen aus der Literatur bekannten Anlagen im Bereich von 10 kHz bis 25 kHz. Mit der im Rahmen der vorliegenden Arbeit aufgebauten Anlage wurde bei Durchstimmfrequenzen von 700 kHz gemessen. Damit konnte die Zeit, die für das Erfassen eines kompletten Transmissionsignales benötigt wird, gegenüber früheren Arbeiten deutlich verringert werden. Dies war für die Untersuchung der Relaxationszone hinter Verdichtungsstößen in Luft erforderlich. Für die Auswertung der während des Stoßrohrexperimentes aufgezeichneten Signale wurde ein spezielles Programm entwickelt. Die Auswertung der einzelnen Transmissionssignale der bis zu 500 Meßzyklen, die während eines Experimentes mit jedem der beiden Diodenlaser erfaßt werden, erfolgt in diesem Programm mit einem eigens entwickelten Mehrlinien-Voigt-Profil-Fitting. Eine hochauflösende Wellenzahlkalibrierung innerhalb jedes einzelnen Meßzyklus wird anhand separat aufgezeichneter Signale eines Germanium-Etalons vorgenommen. Mit dem Auswerteprogramm wird das Produkt aus Linienintensität S, Länge des optischen Weges l und NO-Partialdruck p_{NO} für jede einzelne Absorptionslinie in jedem Meßzyklus bestimmt.

Im Rahmen der vorliegenden Arbeit wurden erstmals zustandsselektive Messungen in der Relaxationszone von reiner Luft bei Stoßmachzahlen im Bereich von $Ms = 8$ bis $Ms = 11$ durchgeführt. Bei den Stoßrohrexperimenten wurden verschiedene Absorptionslinien von Stickstoffmonoxid mit unterschiedlichen Energieniveaus im Ausgangszustand untersucht. Damit war es möglich, die Besetzung verschiedener Energieniveaus bei der Bildung von Stickstoffmonoxid hinter Stoßwellen in Luft zu erfassen. Vergleiche der Meßergebnisse mit Ergebnissen von numerischen Simulationen ergaben zwar Unterschiede in der NO-Konzentration, diese können jedoch zum Teil auf Unsicherheiten bei den in den Simulationsprogrammen verwendeten Reaktionskonstanten zurückgeführt werden. Die aus den Meßdaten berechneten Verhältnisse von Linienintensitäten sind vom thermischen Zustand des Gases abhängig, aber nicht von der NO-Konzentration. Sie zeigen gute Übereinstimmung mit Ergebnissen numerischer Simulationen. Die zeitlichen Verläufe der gemessenen Werte für das Produkt $S \cdot l \cdot p_{NO}$ stimmen mit Ergebnissen aus numerischen Simulationen sehr gut überein. Die Messungen bei $Ms = 8$ zeigen stetig ansteigende Werte für das Produkt $S \cdot l \cdot p_{NO}$ bis zum Eintreffen der Kontaktfläche. Bei den Messungen mit höheren Stoßmachzahlen folgt dem sehr schnellen Anstieg hinter der Stoßfront ein deutliches Überschwingen der Werte für das Produkt $S \cdot l \cdot p_{NO}$. In den Messungen und den numerischen Simulationen werden zu denselben Zeitpunkten die maximalen Werte erreicht. Damit ergibt sich eine sehr gute Übereinstimmung der Relaxationszeiten für die Stickoxidbildung in den Experimenten mit denen der numerischen Simulationen.

Mit dem Infrarot-Diodenlaser-Absorptionsspektrometer konnten erstmals Messungen in der Relaxationszone hinter Verdichtungsstößen in Luft durchgeführt werden. Dabei wurden während der Bildung von Stickstoffmonoxid Informationen über die Besetzung einzelner Energieniveaus gewonnen. Damit steht nun eine Meßeinrichtung zur Verfügung, mit der noch weitere sehr detaillierte Ergebnisse über Relaxationsprozesse hinter laufenden Verdichtungsstößen gewonnen werden können. Damit können die in numerischen Simulationen verwendeten Modelle überprüft und weiterentwickelt werden. Durch geeignete Wahl der im Infrarot-Diodenlaser-Absorptionsspektrometer eingesetzten Laserdioden können andere Absorptionsübergänge und damit auch andere Moleküle, die Absorptionslinien im Infraroten besitzen, mit hoher zeitlicher Auflösung untersucht werden.

Literaturverzeichnis

[1] Koppenwallner, G.: *Aerothermodynamik.* Vortrag auf der DGLR-Tagung in Berlin, 1987.

[2] Anderson, J.: *Hypersonic and High Temperature Gas Dynamics.* Series in aeronautical and aerospace engineering. McGraw-Hill, New York, 1989.

[3] Park, C.: *Nonequilibrium Hypersonic Aerothermodynamics.* John Wiley and Sons, New York, 1990.

[4] Niblett, B. and Blackman, V.H.: *An approximate measurement of the ionization time behind shock waves in air. J. Fluid Mech.*, 4:191–194, 1959.

[5] Manheimer-Timnat, V. and Low, W.: *Electron density and ionization rate in thermally ionized gases produced by medium strength shock waves. J. Fluid Mech.*, 6:449–461, 1959.

[6] Lin, S.C., Neal, R.A. and Fyfe, W.J.: *Rate of ionization behind shock waves in air. I. Experimental results. Phys. Fluids*, 5:1633–1648, 1962.

[7] Lin, S.C. and Teare, J.D.: *Rate of ionization behind shock waves in air. II. Theoretical interpretations. Phys. Fluids*, 6:355–375, 1963.

[8] Frohn, A. and de Boer, P.C.T.: *Ion density profiles behind shock waves in air. AIAA J.*, 5:261–264, 1967.

[9] Frohn, A. and de Boer, P.C.T.: *Measurements of ionization relaxation times in shock tubes.* In *Proc. 6th Int. Symp. Shock Tubes*, pp. 54–57, 1969.

[10] Seidensticker, J.: *Ionisation und Dissoziation in Stickstoff.* Dissertation, RWTH Aachen, 1974.

[11] Schäfer, J.-H. and Frohn, A.: *Shock tube measurements of ionization relaxation times in air.* In *Proc. 9th Int. Conf. Phenomena in Ionized Gases*, page 53, 1969.

[12] Park, C.: *Assessment of two-temperature kinetic model for ionizing air. J. Thermophys.*, 3(3):233–244, 1989.

[13] Knab, O., Frühauf, H.-H. and Jonas, S.: *Multiple temperature description of reaction rate constants with regard to consistent chemical-vibrational-coupling.* In *Proc. 27th AIAA Thermophys. Conf.* AIAA Paper 92-2947, 1992.

[14] Riedel, U.: *Numerische Simulation reaktiver Hyperschallströmungen mit detaillierten Reaktionsmechanismen.* Dissertation, Universität Heidelberg, 1992.

[15] Stuhler, H.: *Einfluß der inneren Freiheitsgrade auf Dissoziation, Stickoxidbildung und Ionisation.* Dissertation, ITLR Universität Stuttgart, 1997.

[16] Robben, F.: *Vibrational relaxation of nitric oxide. J. Chem. Phys.*, 31(2):420–426, 1959.

[17] Roth, W.: *Shock tube study of vibrational relaxation in the* $A\ ^2\Sigma^+$ *state of NO. J. Chem. Phys.*, 34(3):999–1003, 1961.

[18] Allen, R.A.: *Nonequilibrium shock front rotational, vibrational and electronic temperature measurements.* NASA CR-205, NASA Langley, 1965.

[19] Bass, H.E. and Hill, G.L.: *Relaxation of nitric oxide. J. Chem. Phys.*, 58(11):5179–5180, 1973.

[20] Oertel, H.: *Stossrohre.* Springer Verlag, Wien, 1966.

[21] Grisar, R.: *Quantitative Gasanalyse mit abstimmbaren IR-Diodenlasern.* Technischer Bericht 29/03/88, FHG Institut für Physikalische Meßtechnik, Freiburg, 1988.

[22] Ledermann, S.: *Developments in laser based diagnostic techniques.* In *Proc. 12th Int. Symp. Shock Tubes and Shock Waves*, pp. 48–65, 1979.

[23] Brandt, O. and Roth, P.: *Temperature measurement behind shock waves using a rapid scanning IR-diode laser. Phys. Fluids*, 30:1294–1298, 1987.

[24] Moser, L.K. and Hindelang, F.J.: *Shock-tube study of the vibrational relaxation of nitric oxide.* In *Proc. 17th Int. Symp. Shock Waves and Shock Tubes*, pp. 531–534, 1989.

[25] Moser, L.K. and Hindelang, F.J.: *Boundary layer effect on thermal NO decomposition behind incident shock waves. Shock Waves*, 2:129–132, 1992.

[26] Coerdt, R.: *IR-Absorption der NO-Vibrationsrelaxation im Stoßrohr.* Dissertation, RWTH Aachen, 1989.

[27] Goldman, A. and Schmidt, S.C.: *Infrared spectral line parameters and absorptance calculations of NO at atmospheric and elevated temperatures for the* $\Delta v = 1$ *bands region. J. Quant. Spectrosc. Radiat. Transfer*, 15:127–138, 1975.

[28] Schäfer, J.-H.: *Ionisation gasförmiger Stickstoff-Sauerstoff-Gemische durch Stoßwellen.* Dissertation, RWTH Aachen, 1971.

[29] Widdecke, N., Klenk, W. and Frohn, A.: *Experimental techniques for the investigation of relaxation processes behind strong shock waves in air. Z. Flugwiss. Weltraumforsch.*, 19:213–218, 1995.

[30] Klenk, W., Widdecke, N. and Frohn, A.: *Measurements of rotational-vibrational excitation behind incident shock waves by tunable diode laser absorption.* In *Proc. 20th Int. Symp. Shock Waves (Vol.II)*, pp. 905–910, 1995.

[31] Klenk, W., Stuhler, H. and Frohn, A.: *Experimental investigation of the excitation of internal degrees of freedom of NO behind incident shock waves.* To be published at *21th Int. Symp. Shock Waves*, 1997.

[32] Frohn, A.: *Einführung in die Technische Thermodynamik.* Akademische Verlagsgesellschaft, Wiesbaden, 2. Auflage, 1977.

[33] Widdecke, N.: *Persönliche Mitteilung.* 1996.

[34] Mirels, H.: *Test times in low-pressure shock tubes. Phys. Fluids*, 6(9):1201–1214, 1963.

[35] Herzberg, G.: *Molekülspektren und Molekülstruktur.* Verlag von Theodor Steinkopff, Dresden, 1939.

[36] Favero, P.G., Mirri, A.M. and Gordy, W.: *Millimeter-wave rotational spectrum of NO in the* $^2\Pi_{3/2}$ *state.* *Phys. Rev.*, 114:1534–1537, 1959.

[37] Sponer, H.: *Molekülspektren II.* Springer Verlag, Berlin, 1936.

[38] Abels, L.L. and Shaw, J.H.: *Widths and strengths of vibration-rotation lines in the fundamental band of nitric oxide.* *J. Mol. Spectrosc.*, 20:11–28, 1966.

[39] Hill, E.L. and van Vleck, J.H.: *On the quantum mechanics of the rotational distortion of multiplets in molecular spectra.* *Phys. Rev.*, 32:250–272, 1928.

[40] James, T.C.: *Intensity of the forbidden* $X^2\Pi_{3/2} - X^2\Pi_{1/2}$ *satellite bands in the infrared spectrum of nitric oxide.* *J. Chem. Phys.*, 40(3):762–771, 1964.

[41] Keck, D.B. and Hause, C.D.: *High resolution study of nitric oxide near 5.4 microns.* *J. Mol. Spectrosc.*, 26:163–174, 1968.

[42] Almy, G.M. and Horsfall, R.B.: *The spectra of neutral and ionized boron hydride / Theory of* $^2\Pi$*- states.* *Phys. Rev.*, 51:491–500, 1937.

[43] Penner, S.S.: *Quantitative Molecular Spectroscopy and Gas Emissivities.* Addison Wesley, London, 1959.

[44] Oppenheim, U.P., Goldman, A. and Aviv, Y.: *Spectral emissivity of NO in the infrared.* *J. Quant. Spectrosc. Radiat. Transfer*, 59:734–737, 1959.

[45] Sobeck, J.: *Berechnung der temperaturabhängigen Linienprofile von NO im infraroten Spektralbereich.* Studienarbeit, ITLR Universität Stuttgart, 1993.

[46] Herrman, R. and Wallis, R.F.: *Influence of vibration-rotation interaction on line intensities in vibration-rotation bands of diatomic molecules.* *J. Chem. Phys.*, 23(4):637–645, 1955.

[47] Carpenter, R.O'B. and Franzosa, M.A.: *Line strengths and spectral emissivities of NO as functions of temperature and amount of gas.* *J. Quant. Spectrosc. Radiat. Transfer*, 5:465–488, 1965.

[48] Demtröder, W.: *Laserspektroskopie: Grundlagen und Techniken.* Springer Verlag, Berlin, 2. Auflage, 1991.

[49] Lorentz, H.A.: *Over de absorptie- en emissiebanden vann gasvormige lichamen. Versl. Amsterd. Akad.*, 14:518ff, 577ff, 1905.

[50] Frohn, A.: *Einführung in die Kinetische Gastheorie.* Akademische Verlagsgesellschaft, Wiesbaden, 2. Auflage, 1979.

[51] Ford, D.L. and Shaw, J.H.: *Total absorptance of the NO fundamental band. Appl. Opt.*, 4(9):1113–1115, 1965.

[52] Humlìček, J.: *An efficient method for evaluation of the complex probability function: The Voigt function and its derivates. J. Quant. Spectrosc. Radiat. Transfer*, 21:309–313, 1979.

[53] James, T.C. and Thibault, R.J.: *Spin-Orbit constant of NO. J. Chem. Phys.*, 41:2806–2813, 1964.

[54] Keck, D.B.: *High resolution absorption, Zeeman and magnetic rotation spectra of the fundamental and satellite bands of nitric oxide in the near infrared.* PhD thesis, Michigan State University, 68-7914, University Microfilm Inc., Ann Arbor Michigan, 1967.

[55] Deutsch, T.: *NO molecular laser. Appl. Phys. Lett.*, 9:295–297, 1966.

[56] Rothman, L.S., Gamache, R.R., Goldman, A., Brown, L.R., Toth, R.A., Pickett, H.M., Poynter, R.L., Flaud, J.-M., Camy-Peyret, C., Barbe, A., Husson, N., Rinsland, C.P. and Smith, M.A.H.: *The HITRAN database: 1986 edition. Appl. Opt.*, 26(19):4058–4097, 1987.

[57] Rothman, L.S., Gamache, R.R., Tipping, R.H., Rinsland, C.P., Smith, M.A.H., Chris Benner, D., Malathy Devi, V., Flaud, J.-M., Camy-Peyret, C., Perrin, A., Goldman, A., Massie, S.T., Brown, L.R. and Toth, R.A.: *The Hitran molecular database: editions of 1991 and 1992. J. Quant. Spectrosc. Radiat. Transfer*, 48(5):469–507, 1992.

[58] Laser Photonics, Analytics Division.: *MOLSPEC PROGRAMM User's Manual.* Laser Photonics, 1987.

[59] Hinkley, E.D.: *Laser spectroscopic instrumentation and techniques: long-path monitoring by resonance absorption. Opt. Quantum Electron.*, 8:155–167, 1976.

[60] Garbe, T.: *Entwicklung eines Doppel-Diaphragmensystems für den Berstdruckbereich zwischen 40 und 100 bar.* Studienarbeit, ITLR Universität Stuttgart, 1992.

[61] Herzberger, M. and Salzberg, C.D.: *Refractive indices of infrared optical materials and color correction of infrared lenses.* *J. Opt. Soc. Am.*, 52(4):420–427, 1962.

[62] Edwin, R.P., Dudermel, M.T. and Lamare, M.: *Refractive index measurements of a germanium sample.* *Appl. Opt.*, 17(7):1066–1068, 1978.

[63] Park, S.N., Hahn, J.W. and Rheem, C.: *Effect of the slit function of the detection system and a fast-fitting algorithm on accuracy of CARS temperature.* *Appl. Spectrosc.*, 48(6):737–741, 1994.

[64] Moruzzi, G. and Xu, L.-H.: *Resolution of multiple overlapping lines in the analysis of molecular spectra.* *J. Mol. Spectrosc.*, 165:233–248, 1994.

[65] Ferry, A. and Jacobsson, P.: *Curve fitting and deconvolution of instrumental broadening: A simulated annealing approach.* *Appl. Spectrosc.*, 49(3):273–278, 1995.

[66] Saarinen, P.E., Kauppinen, J.K. and Partanen, J.O.: *New method for spectral line shape fitting and critique on the Voigt line shape model.* *Appl. Spectrosc.*, 49(10):1438–1453, 1995.

[67] Burden, L. and Faires, J.D.: *Numerical Analysis.* PWS Publishers, Boston, 3 th edition, 1985.

[68] Koshi, M., Bando, S., Saito, M. and Asaba, T.: *Dissociation of nitric oxide in shock waves.* In *Proc. 17th Int. Symp. Combustion*, pp. 553–562, 1978.

[69] Treanor, C.E. and Williams, M.J.: *Kinetics of nitric oxide formation behind 3 to 4 km/s shock waves, Final Report.* U.S. Army Research Office, Contract No. DAAL03-92-K-003, Calspan UB Research Center, Buffalo, New York, 1993.

[70] Wurster, W.H., Treanor, C.E. and Williams, M.J.: *Non-equilibrium radiation from shock-heated air, Final report.* U.S. Army Research Office, Contract No. DAAL03-88-K-0174, Calspan UB Research Center, Buffalo, New York, 1991.

Anhang

A Differentiation des Realteiles der komplexen Fehler-Funktion

Die komplexe Fehler-Funktion $W(x, y)$ kann als die Summe aus Realteil $U(x, y)$ und Imaginärteil $V(x, y)$ in der Form

$$W(x,y) = U(x,y) + i\,V(x,y) \tag{A-1}$$

geschrieben werden. Es kann gezeigt werden, daß die Differentiale von $U(x, y)$ nach x und y die Differentialgleichungen

$$\frac{\partial U}{\partial x} = -2\,x\,U(x,y) + 2\,y\,V(x,y) \quad , \tag{A-2}$$

$$\frac{\partial U}{\partial y} = +2\,y\,U(x,y) + 2\,x\,V(x,y) - \sqrt{\frac{2}{\pi}} \tag{A-3}$$

erfüllen müssen. Die Berechnung der Differentiale des Realteiles der komplexen Fehler-Funktion ist damit auf die Berechnung des Realteiles und des Imaginärteiles der komplexen Fehler-Funktion zurückgeführt, welche mit guter Näherung durch den Algorithmus von *Humlíček* berechnet werden können [52].

B Im Voigt-Profil-Fitting benötigte Differentiale

Im Kapitel 4.3.1 wurde abgeleitet, daß die Differentiation der Gütefunktion $G(\vec{x})$ auf die Differentiation der Funktion

$$Abs_i = \sum_{\ell=1}^{\mathcal{L}} p_{NO}\, l\, S_\ell\, f_V(\nu_i, \nu_{0\ell}, b_{d\ell}, b_{k\ell}) \tag{B-1}$$

zurückgeführt werden kann. Setzt man den Realteil der komplexen Fehler-Funktion $U(x,y)$ hier ein, so erhält man

$$Abs_i = \sum_{\ell=1}^{\mathcal{L}} p_{NO}\, l\, S_\ell\, \frac{\sqrt{\ln(2)/\pi}}{b_{d\ell}}\; U\left(\frac{\sqrt{\ln(2)}\,(\nu - \nu_{0\ell})}{b_{d\ell}}, \frac{\sqrt{\ln(2)}\, b_{k\ell}}{b_{d\ell}}\right) \quad . \tag{B-2}$$

Das Differential dieser Gleichung

$$\begin{aligned}\frac{\partial}{\partial\epsilon} Abs_i = \sum_{\ell=1}^{\mathcal{L}} \Bigg[& U\left(\frac{\sqrt{\ln(2)}\,(\nu_i - \nu_{0\ell})}{b_{d\ell}}, \frac{\sqrt{\ln(2)}\, b_{k\ell}}{b_{d\ell}}\right) \frac{\partial}{\partial\epsilon}\left(p_{NO}\, l\, S_\ell\, \frac{\sqrt{\ln(2)/\pi}}{b_{d\ell}}\right) \\ & + \left(p_{NO}\, l\, S_\ell\, \frac{\sqrt{\ln(2)/\pi}}{b_{d\ell}}\right) \frac{\partial}{\partial\epsilon} U\left(\frac{\sqrt{\ln(2)}\,(\nu_i - \nu_{0\ell})}{b_{d\ell}}, \frac{\sqrt{\ln(2)}\, b_{k\ell}}{b_{d\ell}}\right)\Bigg]\end{aligned} \tag{B-3}$$

läßt sich in zwei Teile aufspalten, wobei im zweiten Teil die Differentiation des Realteiles der komplexen Fehler-Funktion enthalten ist. Die Differentiation

$$\frac{\partial}{\partial\epsilon}\left(p_{NO}\, l\, S_\ell\, \frac{\sqrt{\ln(2)/\pi}}{b_{d\ell}}\right) \tag{B-4}$$

nach allen Optimierungsparametern ist in den folgenden Gleichungen zusammengestellt. Bei der Differentiation nach der Linienmitte $\nu_{0\ell a}$ des Übergangs mit der Nummer ℓa wird die Abhängigkeit von $b_{d\ell a}$ von $\nu_{0\ell a}$ vernachlässigt. Damit ergibt sich

$$\frac{\partial}{\partial\,\nu_{0\ell a}}\left(p_{NO}\, l\, S_\ell\, \frac{\sqrt{\ln(2)/\pi}}{b_{d\ell}}\right) = 0 \quad . \tag{B-5}$$

Die Gleichung (B - 4) ist unabhängig von der Druckverbreiterung b_k, woraus

$$\frac{\partial}{\partial b_{k\ell a}} \left(p_{NO}\, l\, S_\ell \, \frac{\sqrt{\ln(2)/\pi}}{b_{d\ell}} \right) = 0 \tag{B-6}$$

folgt. Die Ableitungen nach $b_{d\ell a}$ und $(p_{NO}\, l\, S)_{\ell a}$ sind unterschiedlich für $\ell = \ell a$ und $\ell \neq \ell a$. Es gilt

$$\frac{\partial}{\partial b_{d\ell a}} \left(p_{NO}\, l\, S_\ell \, \frac{\sqrt{\ln(2)/\pi}}{b_{d\ell}} \right) = \begin{cases} -p_{NO}\, l\, S_\ell \, \dfrac{\sqrt{\ln(2)/\pi}}{(b_{d\ell})^2} & \text{für } \ell = \ell a \\ 0 & \text{für } \ell \neq \ell a \end{cases} \tag{B-7}$$

$$\frac{\partial}{\partial \left(p_{NO} l S\right)_{\ell a}} \left(p_{NO}\, l\, S_\ell \, \frac{\sqrt{\ln(2)/\pi}}{b_{d\ell}} \right) = \begin{cases} \dfrac{\sqrt{\ln(2)/\pi}}{b_{d\ell}} & \text{für } \ell = \ell a \\ 0 & \text{für } \ell \neq \ell a \end{cases} \tag{B-8}$$

Für die Differentiation des zweiten Teiles der Gleichung (B - 3)

$$\frac{\partial}{\partial \epsilon} U\left(\frac{\sqrt{\ln(2)}\,(\nu_i - \nu_{0\ell})}{b_{d\ell}}, \frac{\sqrt{\ln(2)}\, b_{k\ell}}{b_{d\ell}} \right) \tag{B-9}$$

wird die Substitution

$$x_\ell = \frac{\sqrt{\ln(2)}\,(\nu_i - \nu_{0\ell})}{b_{d\ell}} \tag{B-10}$$

$$y_\ell = \frac{\sqrt{\ln(2)}\, b_{k\ell}}{b_{d\ell}} \tag{B-11}$$

verwendet. Nach der Kettenregel gilt dann

$$\frac{\partial}{\partial \epsilon} U(x_\ell, y_\ell) = \frac{d}{dx_\ell} U(x_\ell, y_\ell) \frac{d\, x_\ell}{d\, \epsilon} + \frac{d}{dy_\ell} U(x_\ell, y_\ell) \frac{d\, y_\ell}{d\, \epsilon} \quad . \tag{B-12}$$

Die in dieser Gleichung benötigten Ableitungen sind

$$\frac{\partial}{\partial \nu_{0\ell a}} x_\ell = \begin{cases} -\sqrt{\ln(2)}/b_{d\ell} & \text{für } \ell = \ell a \\ 0 & \text{für } \ell \neq \ell a \end{cases} \tag{B-13}$$

$$\frac{\partial}{\partial b_{d\ell a}} x_\ell = \begin{cases} -\sqrt{\ln(2)}\frac{\nu_i - \nu_{0\ell}}{(b_{d\ell})^2} & \text{für } \ell = \ell a \\ 0 & \text{für } \ell \neq \ell a \end{cases} \tag{B-14}$$

$$\frac{\partial}{\partial b_{k\ell a}} x_\ell = 0 \tag{B-15}$$

$$\frac{\partial}{\partial (p_{NO} l S)_{\ell a}} x_\ell = 0 \tag{B-16}$$

$$\frac{\partial}{\partial \nu_{0\ell a}} y_\ell = 0 \tag{B-17}$$

$$\frac{\partial}{\partial b_{d\ell a}} y_\ell = \begin{cases} -\sqrt{\ln(2)}\frac{b_{k\ell}}{(b_{d\ell})^2} & \text{für } \ell = \ell a \\ 0 & \text{für } \ell \neq \ell a \end{cases} \tag{B-18}$$

$$\frac{\partial}{\partial b_{k\ell a}} y_\ell = \begin{cases} \frac{\sqrt{\ln(2)}}{b_{d\ell}} & \text{für } \ell = \ell a \\ 0 & \text{für } \ell \neq \ell a \end{cases} \tag{B-19}$$

$$\frac{\partial}{\partial (p_{NO} l S)_{\ell a}} y_\ell = 0 \quad . \tag{B-20}$$

Die in Gleichung (B - 12) auftretenden Differentialquotienten des Realteiles der komplexen Fehler-Funktion, können entsprechend der Ableitung im Anhang A auf den Realteil und den Imaginärteil der komplexen Fehler-Funktion zurückgeführt werden. Faßt man die einzelnen Differentiationsschritte zusammen, so ergibt sich für die Ableitungen von Gleichung (B - 3) nach den Optimierungsparametern

$$\frac{\partial}{\partial \nu_{0\ell a}} Abs_i = 2\, p_{NO}\, l\, S_{\ell a}\, \ln(2) \frac{x_{\ell a}\, U(x_{\ell a}, y_{\ell a}) - y_{\ell a}\, V(x_{\ell a}, y_{\ell a})}{\sqrt{\pi}(b_{d\ell a})^2} \tag{B-21}$$

$$\begin{aligned} \frac{\partial}{\partial b_{d\ell a}} Abs_i = & -p_{NO}\, l\, S_{\ell a} \frac{\sqrt{\ln(2)/\pi}}{(b_{d\ell a})^2} \Bigg\{ U(x_{\ell a}, y_{\ell a}) + \frac{2\sqrt{\ln(2)}}{b_{d\ell a}} \cdot \\ & \Bigg[\Big(-x_{\ell a}\, U(x_{\ell a}, y_{\ell a}) + y_{\ell a}\, V(x_{\ell a}, y_{\ell a}) \Big) (\nu_i - \nu_{0\ell a}) \\ & + \Big(y_{\ell a}\, U(x_{\ell a}, y_{\ell a}) + x_{\ell a}\, V(x_{\ell a}, y_{\ell a}) - \frac{1}{\sqrt{\pi}} \Big) b_{d\ell a} \Bigg] \Bigg\} \end{aligned} \tag{B-22}$$

$$\frac{\partial}{\partial b_{k\ell a}} Abs_i = \left(p_{NO}\, l\, S_{\ell a} \frac{\ln(2)}{\sqrt{\pi}(b_{d\ell a})^2} \right) \Big[2\, y_{\ell a}\, U(x_{\ell a}, y_{\ell a}) \tag{B-23}$$

$$+2\, x_{\ell a}\, V(x_{\ell a}, y_{\ell a}) - \frac{2}{\sqrt{\pi}} \Big]$$

und

$$\frac{\partial}{\partial \left(p_{NO} l S\right)_{\ell a}} Abs_i = \frac{\sqrt{\ln(2)/\pi}}{b_{d\ell a}}\, U(x_{\ell a}, y_{\ell a}) \quad . \tag{B-24}$$

Die Ableitungen in den Gleichungen (B-21) bis (B-24) haben alle die Einheit $1/\mathrm{cm}^{-1}$ und können damit im Gradienten-Abstiegs-Verfahren zu einem Vektor zusammengefaßt werden.